● 2024 年共通テスト「生物基礎」の出題範囲と形式

出題分野は例年同様、特定の分野に偏ることなく、生物基礎の学習領域に合わせて各分野からバランスよく出題されていた。大問数は 3 問で小問数は 16 問、マーク数は 16 あった。各大問は A、B に分かれていた。

昨年出題された分野横断型の問題、会話文形式の問題、仮説を検証するための実験に関する問題、計算問題は出題されなかった。知識を活用し、複数の情報をもとに論理的に判断する問題が減少し、簡単な知識問題が増加した。また、教科書の内容に沿った問題が多かった。昨年は平均点 24.66 点と理科の基礎 4 科目のなかで最も低かったが、今年は約 7 点上がり、平均点 31.57 点と大幅に易しくなった。

●出題内容

第 1 問 生物の特徴および遺伝子とその働き

A 生物の特徴、遺伝子とゲノム、遺伝子の本体についての探究実験に関する問題である。問 1 は原核細胞と真核細胞の比較に関する知識問題である。問 2 はゲノムや遺伝子に関する知識問題、問 3 は形質転換を発見した実験に関する知識を活用して判断する問題である。

B 紫外線が細胞周期に与える影響を、細胞 1 個当たりの DNA 量から論理的に判断する問題である。問 4 は紫外線の照射後に細胞 1 個当たりの DNA 量が 1 のまま変化していないことから判断する問題、問 5 は細胞周期に関する基本的知識をもとに、染色体の凝縮は起こるが分配は起こらないことを図から読み取る考察問題である。

第 2 問 ヒトのからだの調節

A 体液とその働き、および免疫に関する問題である。問 1 は血液の成分に関する知識問題である。問 2 は血液凝固の過程に関する知識問題である。問 3 は傷口付近で起こる病原体に対する防御反応に関する知識問題である。

B 人体模型を題材として、腎臓の構造を中心に問う問題である。問 4 は体内における腎臓の位置に関する知識問題、問 5 は腎臓に関する基本知識をもとにした考察問題、問 6 は腎臓に墨汁を注入して血管のようすを確認する実験に関する考察問題である。

第 3 問 植生と遷移および生態系とその保全

A 日本のバイオーム、湖沼の植生や生態系、植生の管理に関する問題である。問 1 は日本列島の森林に関する知識問題である。問 2 は湖沼の生態系に関する知識問題である。問 3 は草原で火入れや刈取りを行うという人為的撹乱が植物の種数に与える影響を、与えられた表とグラフから読み取る考察問題である。

B 外来生物に関する問題である。問 4 は外来生物による被害に関する知識問題である。問 5 は侵入してしまった外来生物の管理に関する問題である。

■大学入学共通テストに向けた対策

大学入学共通テストでは、教科書内容の知識を活用しながら図や表を解析する力、いわゆる"思考力"が求められている。また、問題の文章量が多いのが特徴である。このことを踏まえて、大学入学共通テストに向けた今後の対策として、以下のことに留意して学習を進めてほしい。

・教科書を中心とした基本的な学習事項を確実に身につける。

・会話文・問題文から必要な情報を素早く読み取り、知識を活用して整理する力を養う。

・目的の結論を導くための実験計画を、対照実験も含めて的確に設定する力を身につける。

・図やグラフ、表などから結果を正確に読み取る訓練を行う。

・教科書の探究活動などを通じて、結果を科学的に考察する力を養う。

共通テスト受験の注意点

●問題の攻略

長い問題文を手早く読み解く　リード文が長いので、ポイントとなる部分に印を付けながら読み解いていく。ふだんから長い問題文に慣れておきたい。

消去法で考える　選択肢のうち、明らかな間違いは除いてから考える。選択肢は増加傾向にある。

選択肢も問題の一部　選択肢も参考にして考える。大問中のすべての問題文と選択肢に目を通すと、難解な問題でも、質問の内容や考える方向がはっきりとすることが多い。

問題文のキーワードに注意する　問題文の「誤っているもの」「過不足なく含むもの」「2つ選べ」や、選択肢中の「すべて」「必ず」などの表現に注意する。読むときにチェックしておく。

問題文の条件内で考える　問題文に条件や制限がある場合は、その範囲内で考える。たとえば、「実験1からわかること」という問いでは、実験1のみを考える。

グラフ問題　補助線を引いて考える。縦軸や横軸の単位も必ずチェックする。グラフが大きく変化している箇所に注意して読み解く。

時間配分　大問ごとの目安の時間を決めて解答する。

ページ構成に注意する　余白が多いので、次ページの問題を見過ごしやすい。最初に記載されている解答番号や各大問の冒頭文にある小問番号をチェックしておく。

●解答

マーク例どおりにマークする　確実にマークされていないと、解答が読み取られないことがある。

良い例	悪　い　例
●	⊘　⊗　·　◓

鉛筆を使用する　H、F、HBのいずれかの鉛筆を使用する。シャープペンシルでマークした場合は、解答が読み取られないことがある。

プラスチック製の消しゴムを用いる　これ以外の消しゴムでは、マークシート用紙が傷んだり、消し残りができて、マークミス(例:1つの解答欄に2つの解答)となる可能性がある。

解答科目、受験番号を確実にマークする　解答科目をマークしていない、または、複数をマークした場合は0点となる。

解答番号をチェックしながらマークする　問題用紙と解答用紙の問題番号を確認しながらマークし、解答がずれないようにする。

解答番号の順に1つずつマークする　解答後にまとめてマークすると、ずれが生じやすくなる。また、時間が不足し、せっかく導いた解答をすべてマークできない場合もある。

わからない問題もマークする　解答できない問題や自信のない問題についても、解答用紙にマークした上で、次の問題に取り組む。このことによって、マークのずれを防ぐことができる。

●自己採点

解答結果を正確に問題用紙に残す　解答は必ず問題用紙に記入し、残しておく。解答を変更した場合は、問題用紙の方も確実に訂正する。

　共通テストでは、大学への出願までに個人の得点は開示されない。したがって、自己採点が、共通テストの得点を知る唯一の方法となる。自己採点の結果から出願校を決定するため、これに誤りがあると、志望校の決定や合否判定に影響する。

本書の構成と利用法

　本書は、「生物基礎」大学入学共通テスト（共通テスト）を攻略するために必要な力を身につけられるよう編集しています。特に、共通テストに独特の、紛らわしい文章から正解を選ぶ問題に対する考え方や解法を習得できるよう配慮しました。共通テストで出題された問題の内容・傾向を入念に分析し、国公立大、私立大、センター試験、共通テストの問題から、良問を厳選して掲載しています。また、オリジナル問題も適宜取り上げ、「生物基礎」の学習内容を完全に身につけて共通テストに臨むことができるように構成しています。

　各編の問題は、必修問題と実践演習（実践例題・実践問題）の二段階とし、基本的な学習事項を着実に習得できるようにしました。

　別冊解答編では、解法を丁寧に解説しています。誤りとなる選択肢についても、その理由を解説しており、共通テスト対策の自学自習書として最適です。

　各編は、下記のように構成しています。

　学習のまとめ …各章における重要事項を空所補充形式でまとめました。基本事項を押さえることができているか確認してください。

　必 修 問 題 …実践力を身につけるために、各章の頻出問題や押さえておきたい問題をまとめています。

　実 践 演 習 …実践例題と実践問題で構成しました。

　　実 践 例 題 …実践的な考察問題の解法を丁寧に示しました。

　　実 践 問 題 …思考力や応用力を必要とする問題を掲載し、共通テストを攻略できる力を養えるようにしています。

巻末には解答一覧を設けています。

■各問題の冒頭にチェック欄（☑）を設けました。解答を見なくても解けた問題にチェックを入れてください。すべての問題がチェックされるまで、くり返しチャレンジしてください。

■実験・観察問題には **探究** マークを、やや難しい問題には **やや難** のマークを付けています。

■すべての問題に目標とする解答時間を示しています。

■各問題に添えられている☆印は、問題の重要度を示しています。☆の数が多いほど共通テスト対策上重要な問題です。

■巻末に予想模擬テストを2回分設置しました。1回30分を目安に、直前の実力診断に利用してください。

本書に掲載している大学入試問題の解答・解説は弊社で作成したものであり、各大学から公表されたものではありません。

目　次

1 生物の特徴

1 生物の多様性と共通性

　地球上には、さまざまな環境に適応した結果として、多種多様な生物が生息している。多様化した生物群の進化を踏まえたつながりを(^{1}　　　　)という。さらに、生物の(^{1}　　　　)を樹状に表したものを(^{2}　　　　)という。

　すべての生物に共通する特性として、①からだは**細胞**が基本単位となっている、②**代謝**に伴って生じるエネルギーを生命活動に用いている、③**生殖**によって増殖し、遺伝情報である DNA が次世代に受け継がれる、④外部環境が変化しても体内の環境を一定に保とうとする性質(**恒常性**)をもつ、などがあげられる

◆細胞の多様性 ……………………………………………………………………………

　からだが１つの細胞でできている生物を(^{3}　　　　)という。この生物には、細胞内に特定の働きを行う構造がみられる。一方、多数の細胞からなる生物を(^{4}　　　　)という。この生物のからだは、形や働きの異なるさまざまな細胞が集まっており、同じ形や働きをもつ細胞の集まりを(^{5}　　　)といい、これらが集まり独立した形や働きをもつ構造を(^{6}　　　)という。

◆細胞の構造にみられる共通性 ………………………………………………………

　細胞には、核をもつ(^{7}　　　　)と核をもたない(^{8}　　　　)がある。からだが(^{8}　　　　)からなる生物を(^{9}　　　)といい、この生物には、**ミトコンドリア**や**葉緑体**などの細胞小器官がみられない。

原核細胞
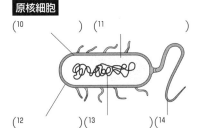
(10　　　) (11　　　　　　)
(12　　　) (13　　　) (14　　　)

真核細胞
動物
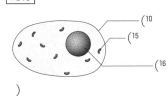
(10　　　)
(15　　　)
(16　　　)

植物
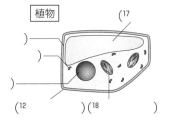
(17　　　　　)
(12　　　) (18　　　)

核	(^{19}　　　　)によって包まれている。球形またはだ円形で、内部にはDNAとタンパク質からなる(^{20}　　　　　)が存在する。	遺伝情報に従って、細胞の働きや形態を決定する。
細胞膜	厚さ５〜６nmの膜。	細胞の内部と外部を仕切る。
ミトコンドリア	長さ１〜10μmの粒状、糸状。	エネルギーを取り出す(^{21}　　　　)を行う場である。
葉緑体	直径５〜10μmの凸レンズ形。	緑色の色素(^{22}　　　　　)を含み(^{23}　　　　)を行う場である。動物細胞には存在しない。
細胞質基質	液状で、水、アミノ酸、グルコース、タンパク質などを含む。	さまざまな化学反応の場となる。(^{24}　　　　　　)という、顆粒が一定方向に動く現象がみられる。
液胞	内部の液を(^{25}　　　　　)といい、アミノ酸、糖類などを含む。	物質の貯蔵や濃度調節に関与する。
細胞壁	(^{26}　　　　　)やペクチンを主成分とする構造。	細胞を強固にし、形を保持する。動物細胞には存在しない。

2 細胞とエネルギー

生体内で行われている化学反応を(^{27}　　　　)という。(^{27}　　　　)には、外界から取り入れた物質を、からだを構成する物質や生命活動に必要な物質に合成する反応がある。このような過程を(^{28}　　　　)という。一方、体内の複雑な有機物がより簡単な物質に分解される過程を(^{29}　　　　)という。植物などのように、外界から取り入れた無機物から有機物を合成して生活する生物を(^{30}　　　　)生物という。これに対し、菌類や動物などのように、有機物を直接または間接的に体内に取り入れて生活する生物を(^{31}　　　　)生物という。

◆ ATP の構造と働き

代謝に伴うエネルギーの出入りや変換を、**エネルギー代謝**という。すべての生物において、(^{32}　　　　)と呼ばれる物質が、代謝に伴うエネルギーの受け渡しを行っている。

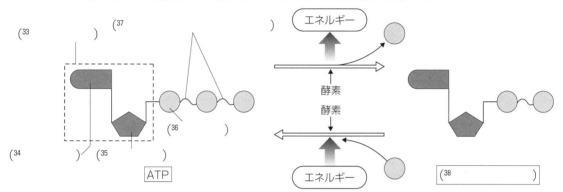

◆ 光合成

光合成は、同化の一種で、光エネルギーを用いて ATP を合成し、この ATP を用いて(^{39}　　　　)と二酸化炭素から有機物を合成する。光合成は(^{40}　　　　)で行われる。

$$水\ H_2O\ +\ 二酸化炭素\ CO_2\ +\ 光エネルギー\ \longrightarrow\ 有機物(C_6H_{12}O_6)\ +\ 酸素\ O_2$$

◆ 呼吸

呼吸は異化の一種で、(^{41}　　　　)を用いて、グルコース($C_6H_{12}O_6$)などの有機物を(^{42}　　　　)と水に分解し、放出されるエネルギーで ATP を合成する。呼吸は(^{43}　　　　)で行われる。

$$有機物(C_6H_{12}O_6)\ +\ 酸素\ O_2\ \longrightarrow\ 水\ H_2O\ +\ 二酸化炭素\ CO_2\ +\ エネルギー\ ATP$$

◆代謝に関わる物質

代謝は、(^{44}　　　　)を主成分とする**生体触媒**である(^{45}　　　　)によって調節されている。

(^{45}　　　　)はくり返し作用することができる。

- (^{46}　　　　)…酵素の作用を受ける物質。
- (^{47}　　　　)…酵素が特定の物質にのみ作用する性質。

解答

1－系統　2－系統樹　3－単細胞生物　4－多細胞生物　5－組織　6－器官　7－真核細胞　8－原核細胞　9－原核生物　10－細胞膜　11－細胞質基質　12－細胞壁　13－染色体　14－べん毛　15－ミトコンドリア　16－核　17－液胞　18－葉緑体　19－核膜　20－染色体　21－呼吸　22－クロロフィル　23－光合成　24－原形質流動(細胞質流動)　25－細胞液　26－セルロース　27－代謝　28－同化　29－異化　30－独立栄養　31－従属栄養　32－ATP(アデノシン三リン酸)　33－アデノシン　34－アデニン　35－リボース　36－リン酸　37－高エネルギーリン酸結合　38－ADP(アデノシン二リン酸)　39－水　40－葉緑体　41－酸素　42－二酸化炭素　43－ミトコンドリア　44－タンパク質　45－酵素　46－基質　47－基質特異性

必修問題

☑ 1 ☆
生物の多様性と共通性 〈3分〉 次の文章を読み、以下の各問いに答えよ。

　地球上には、森林や草原、海や湖沼などさまざまな環境があり、それぞれの環境に（　ア　）した多種多様な生物が生活している。地球全体では、名前をつけられたものだけでも約（　イ　）種の生物が知られている。現在生きているすべての生物は、共通の祖先に由来したものであると考えられている。その理由は、すべての生物が共通の特徴をもっているためである。

問1 文中の空欄（　ア　）には、「生物が、生活している環境中で生存・繁殖するのに有利な特性をもつこと」を意味する語が入る。その語として最も適当なものを、次の①～⑥のうちから1つ選べ。
① 共生　　②　遷移　　③　適応　　④　同化　　⑤　発現　　⑥　分化

問2 文中の空欄（　イ　）に入れる数値として最も適当なものを、次の①～⑤のうちから1つ選べ。
①　1万9千　　②　19万　　③　190万　　④　1900万　　⑤　1億9000万

問3 下線部に関する記述として正しいものを、次の①～⑤のうちから**すべて**選べ。ただし、ウイルスは生物には含めない。
① 遺伝物質として、DNA をもつ。　　② エネルギーを利用して、生命活動を行う。
③ からだが、複数の細胞からできている。　　④ 細胞膜をもつ。
⑤ 生命活動に必要な有機物を、無機物から合成する。
(22. 中部大改題)

☑ 2 ☆
生物の系統 〈3分〉 次の文章を読み、以下の各問いに答えよ。

　生物がもつ形や性質が、世代を重ねて受け継がれていく過程で変化していくことを（　ア　）という。生物が（　ア　）してきた道筋を（　イ　）と呼び、これは樹木に似た下図のような形に描かれる。（　イ　）は従来、生物の形態などを手がかりに類縁関係を調べて明らかにされてきた。現在では、遺伝情報などを比較することで、生物どうしの類縁関係を調べて明らかにされており、すべての生物は原核生物、真核生物の2グループに大別されている。

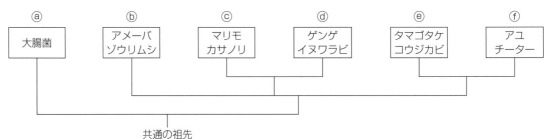

問1 文中の空欄（　ア　）と（　イ　）に適する語の組み合わせとして最も適当なものを、次の①～⑧のうちから1つ選べ。ただし、各選択肢は（　ア　）・（　イ　）の順で示している。
① 形質転換・系統　　② 形質転換・種　　③ 形質転換・生態系　　④ 進化・系統
⑤ 進化・種　　⑥ 進化・生態系　　⑦ 遷移・系統　　⑧ 遷移・種

問2 図中の⒜～⒡のうち、真核生物として適当なものを、次の①～⑥のうちから**すべて**選べ。
① ⒜　　② ⒝　　③ ⒞　　④ ⒟　　⑤ ⒠　　⑥ ⒡

問3 下線部に分類されるものとして適当なものを、次の①～⑧のうちから**すべて**選べ。
① アオミドロ　　② 酵母　　③ スギゴケ　　④ 乳酸菌
⑤ ネンジュモ　　⑥ ミジンコ　　⑦ ミドリムシ　　⑧ アナアオサ
(22. 中部大改題)

3 ☆☆
細胞の構造と働き 4分　図は、植物細胞を光学顕微鏡で観察した模式図である。以下の各問いに答えよ。

問1　図中の細胞構造物ア〜カの名称を、次の①〜⑥のうちから1つずつ選べ。

① ミトコンドリア　② 核　③ 細胞膜
④ 細胞壁　⑤ 葉緑体　⑥ 液胞

問2　動物細胞では観察されず、植物細胞だけで観察されるものを**問1**の選択肢①〜⑥のうちから**2つ**選べ。

問3　ウを観察する場合に用いる染色液の名称を次の①〜④のうちから、染色される色を次の⑤〜⑧のうちから、それぞれ1つずつ選べ。

① 酢酸オルセイン溶液　② クロロフィル　③ ヤヌスグリーン
④ アントシアン　⑤ 赤色　⑥ 青緑色　⑦ 黄色　⑧ 茶色

4 探究 ☆☆
顕微鏡観察 5分　顕微鏡観察に関する以下の各問いに答えよ。

問1　顕微鏡のレンズ取り付けに関する記述のうち、最も適当なものを次の①〜④のうちから1つ選べ。

① 接眼レンズと対物レンズは、どちらを先に取り付けてもよい。
② 接眼レンズを先に取り付け、後から対物レンズを取り付ける。
③ 顕微鏡内に光が入らないように、必ず暗室内で取り付ける。
④ 対物レンズを先に取り付け、後から接眼レンズを取り付ける。

問2　顕微鏡観察における、しぼりの使い方に関する記述のうち、最も適当なものを次の①〜④のうちから1つ選べ。

① しぼりを絞ると、視野は広くなる。　② しぼりを絞ると、ピントの合う深さが深くなる。
③ しぼりを開くと、視野が暗くなる。　④ 動くものを見るときだけ、しぼりを開く。

問3　接眼ミクロメーターを入れた倍率10倍の接眼レンズと、倍率40倍の対物レンズの顕微鏡で対物ミクロメーター（1目盛り＝10μm）にピントを合わせると、両ミクロメーターの目盛りは、図のように2か所（▼印）で一致した。

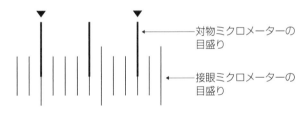

対物ミクロメーターの目盛り

接眼ミクロメーターの目盛り

　接眼ミクロメーター1目盛りの長さはいくらか。次の①〜⑧のうちから1つ選べ。

① 4μm　② 40μm　③ 0.4μm　④ 400μm
⑤ 25μm　⑥ 2.5μm　⑦ 250μm　⑧ 0.25μm

問4　接眼レンズは**問3**で用いたもののままで、対物レンズを倍率10倍のものに交換して同じ対物ミクロメーターにピントを合わせたとき、接眼ミクロメーターと対物ミクロメーターの目盛りはそれぞれどのように見えるか。最も適当なものを次の①〜⑤のうちから1つずつ選べ。

① 目盛りの間隔が4倍に拡大して見える。　② 目盛りの間隔が2.5倍に拡大して見える。
③ 目盛りの間隔が$\frac{1}{4}$に縮小して見える。　④ 目盛りの間隔が$\frac{2}{5}$に縮小して見える。
⑤ 目盛りの間隔の見え方は変わらない。

☑ **5** ☆ **細胞の大きさ** 〔5分〕 次の文章を読み、以下の各問いに答えよ。

多くの細胞は、顕微鏡を用いないと見ることができないほど小さいが、その形や大きさはさまざまである。たとえば、ヒトの細胞については、赤血球のように、円盤状の形でその直径が約7.5（ ア ）程度のものから、座骨神経のように、細長くてその長さが約1（ イ ）に及ぶものまである。一方、ヒトの細胞に感染するインフルエンザウイルスは、約100（ ウ ）程度の大きさである。ヒトの細胞の形は光学顕微鏡で観察できるが、細胞小器官の微細構造やウイルスの形を調べるためには、高い分解能をもつ電子顕微鏡を使用する必要がある。

問1 文中の（ ア ）～（ ウ ）に入る長さの単位の組み合わせとして最も適切なものを、次の①～⑥のうちから1つ選べ。

	ア	イ	ウ		ア	イ	ウ		ア	イ	ウ
①	mm	m	μm	②	mm	μm	m	③	μm	mm	nm
④	μm	m	nm	⑤	nm	mm	μm	⑥	nm	μm	nm

問2 次のA～Eの生物や細胞、細胞小器官を小さい方から順に並べるとどのようになるか。最も適当なものを、次の①～⑥のうちから1つ選べ。

A ゾウリムシ　　B 大腸菌　　C 葉緑体　　D ヒトの肝細胞　　E ニワトリの卵（卵黄）

① A＜B＜C＜D＜E　　② B＜C＜A＜D＜E　　③ C＜B＜A＜D＜E
④ B＜D＜C＜A＜E　　⑤ C＜B＜A＜E＜D　　⑥ B＜C＜D＜A＜E

問3 下線部について、電子顕微鏡の分解能として最も適当なものを次の①～④のうちから1つ選べ。

① 0.2m　　② 0.2μm　　③ 0.2mm　　④ 0.2nm

☑ **6** ☆☆☆ **細胞** 〔4分〕 地球上に存在するすべての生物のからだは、ア細胞からできている。細胞には、イ原核細胞と真核細胞がある。真核細胞には、（ ウ ）や（ エ ）などの細胞小器官がある。（ ウ ）では酸素を使って有機物を分解する反応が起こり、（ エ ）では光エネルギーを用いて有機物を合成する反応が起こる。

問1 下線部アに関して、次のa～eのうち、すべての細胞に共通して含まれる物質の組み合わせとして最も適当なものを、下の①～⑧のうちから1つ選べ。

a アデノシン三リン酸　　b クロロフィル　　c セルロース　　d ヘモグロビン　　e 水

① a、b　　② a、c　　③ a、e　　④ b、c
⑤ b、d　　⑥ b、e　　⑦ c、d　　⑧ c、e

問2 下線部イに関して、原核生物と真核生物の組み合わせとして最も適当なものを、次の①～⑥のうちから1つ選べ。

	原核生物	真核生物		原核生物	真核生物		原核生物	真核生物
①	オオカナダモ	ネンジュモ	②	ネンジュモ	乳酸菌	③	ミドリムシ	オオカナダモ
④	大腸菌	ゾウリムシ	⑤	乳酸菌	大腸菌	⑥	ゾウリムシ	ミドリムシ

問3 上の文中の（ ウ ）・（ エ ）に入る細胞小器官の組み合わせとして最も適当なものを、次の①～⑥のうちから1つ選べ。

	ウ	エ		ウ	エ		ウ	エ
①	核	ミトコンドリア	②	核	葉緑体	③	ミトコンドリア	核
④	ミトコンドリア	葉緑体	⑤	葉緑体	核	⑥	葉緑体	ミトコンドリア

〔17. センター本試〔生物基礎〕改題〕

7 代謝 4分 代謝に関する下の図について、以下の各問いに答えよ。

問1 図中の A に当てはまる物質を、次の①〜④のうちから1つ選べ。

① 炭水化物 ② 無機塩類
③ タンパク質 ④ DNA

問2 ATP に関する記述として正しいものを次の①〜④のうちから1つ選べ。

① ATP はアデニンとリボースが結合したアデノシンに2つのリン酸が結合している。
② ATP のリン酸どうしの結合が切れるときに多量のエネルギーが放出される。
③ ATP のもつ光エネルギーがいろいろなエネルギーに変換されて利用される。
④ ATP が分解されるときに放出される多量のエネルギーが ADP に貯えられる。

問3 葉緑体をもつ生物を次の①〜⑥のうちから1つ選べ。

① 大腸菌 ② シアノバクテリア ③ 酵母 ④ ゾウリムシ
⑤ ヒドラ ⑥ オオカナダモ

(08. 日本大改題)

8 同化と異化 3分 次のア〜オについて、以下の各問いに答えよ。

ア 呼吸によって、グルコースが分解される。
イ 多くの酵素反応がみられる。
ウ 一般に、簡単な物質からより複雑な物質が合成される。
エ 反応全体では、エネルギーを吸収する反応である。
オ 反応全体では、エネルギーを放出する反応である。

問1 同化と異化の両方に当てはまるものの組み合わせとして、適当なものを次の①〜ⓐのうちから1つ選べ。

① ア、イ、エ ② イ、ウ、エ ③ ウ、エ ④ ア、オ ⑤ イ、エ ⑥ イ、オ
⑦ ア ⑧ イ ⑨ ウ ⓪ エ ⓐ オ

問2 同化のみに当てはまるものの組み合わせとして適当なものを、**問1**の選択肢①〜ⓐのうちから1つ選べ。

9 代謝とATP 3分 ミトコンドリアに関する次の文中の ア 〜 エ に入る語の組み合わせとして最も適当なものを、次の①〜⑧のうちから1つ選べ。

ミトコンドリアでは酸素を用いて呼吸が行われることで有機物が分解され、水と二酸化炭素を生じながら ア と イ から ウ が合成される。生命活動の多くで使用されるエネルギーは、 ウ 分子内の イ どうしを結ぶ エ の高エネルギー イ 結合に蓄えられる。

	ア	イ	ウ	エ		ア	イ	ウ	エ
①	ADP	水素	ATP	2つ	②	ADP	水素	ATP	3つ
③	ADP	リン酸	ATP	2つ	④	ADP	リン酸	ATP	3つ
⑤	ATP	水素	ADP	2つ	⑥	ATP	水素	ADP	3つ
⑦	ATP	リン酸	ADP	2つ	⑧	ATP	リン酸	ADP	3つ

(15. センター追試〔生物基礎〕)

2 遺伝子とその働き

1 遺伝現象と遺伝子

遺伝子の本体は(1　　　　　)(デオキシリボ核酸)であり、親から子へ受け継がれる。

◆遺伝子研究の歴史

- (2　　　　　　　)の実験…肺炎双球菌の(3　　　　)型菌(病原性)を煮沸して殺し、生きた(4　　　　)型菌(非病原性)と混ぜてネズミに注射すると、ネズミは死に、体内から生きた(5　　　　)型菌が見つかった。
  →(4　　　　)型菌が(5　　　　)型菌に変化する(6　　　　　　　)が起こった。

- (7　　　　　　　)の実験…(8　　　)型菌の抽出液中のタンパク質を分解し、(9　　　)型菌の培地に加えて培養したところ、一部の(10　　　)型菌は(11　　　　)型菌に形質転換した。一方、(12　　　　　)を分解した抽出液を加えて培養したところ、形質転換は起こらなかった。
  →(12　　　　　)が形質転換を起こさせる物質である。

- (13　　　　　)と(14　　　　　　)の実験…ファージを構成する(15　　　　　)と外殻の(16　　　　　)をそれぞれ標識して大腸菌に感染させ、遺伝子の本体が(17　　　　　)であることを証明した。

◆DNAの構成成分

DNAは、(18　　　　)(**デオキシリボース**)・(19　　　　)および4種類の(20　　　　)からなる(21　　　　　　　　)が多数つながってできた高分子化合物である。

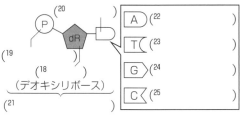

◆シャルガフの研究

シャルガフは、どの生物においてもアデニンと(26　　　　　)、グアニンと(27　　　　　)の数の比が、それぞれ(28　　　　　)であることを発見した。

◆DNAの二重らせん構造

(29　　　　　)と(30　　　　　)は、DNAの分子は2本のヌクレオチド鎖の塩基のAとT、GとCが特異的に結合して(これを(31　　　　　)という)はしご状となり、これがねじれて(32　　　　　)構造になっていることを明らかにした。このDNAの塩基配列が遺伝情報となっている。

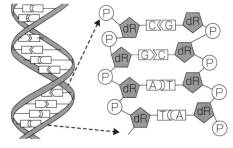

2 遺伝情報の複製と分配

細胞分裂時に複製されたDNAは、元のDNAから一方のヌクレオチド鎖をそのまま受け継いでいる。これを(33　　　　　)という。細胞分裂を行っている細胞は、細胞分裂を行う(34　　　)期(M期)とそれ以外の時期である(35　　　)期をくり返している。このような周期性を(36　　　)という。

◆DNA量の変化

細胞1個当たりのDNA量は、分裂直後(G_1期)のものを基準量としたとき、間期の(37　　　　　)期にDNAが複製されて基準量の(38　　　)倍となり、分裂期を経て基準量に戻る。

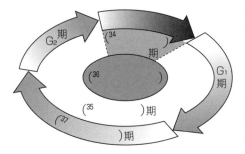

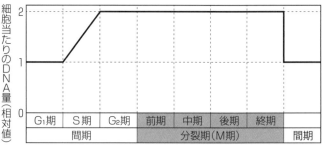

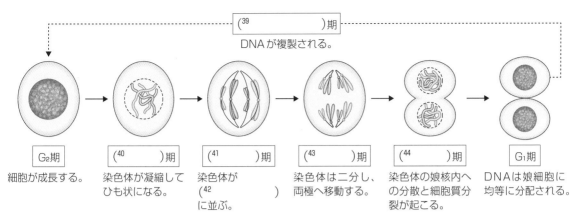

(^{39})期
DNAが複製される。

G₂期
細胞が成長する。

(^{40})期
染色体が凝縮して
ひも状になる。

(^{41})期
染色体が
(^{42})
に並ぶ。

(^{43})期
染色体は二分し、
両極へ移動する。

(^{44})期
染色体の娘核内へ
の分散と細胞質分
裂が起こる。

G₁期
DNAは娘細胞に
均等に分配される。

3 遺伝情報とタンパク質の合成

◆**タンパク質の構造**　タンパク質は、多数の(^{45})が鎖状に結合してできた高分子化合物であり、結合する(^{45})の**総数**と**配列順序**によって、タンパク質の構造と性質が決まる。

◆**酵素としてのタンパク質**　生体内で起こる多くの化学反応は、(^{46})が触媒することによって進む。酵素は、主成分が(^{47})であり、消費されないのでくり返し作用することができる。

◆**タンパク質の合成**　遺伝情報は、原則として DNA →(^{48})→タンパク質へと一方向に流れる。このような遺伝情報の流れに関する原則を、(^{49})という。

- RNA…DNA と同じようにヌクレオチドが鎖状につながった化合物。DNA とは異なり、(^{50})鎖で、糖が(^{51})であり、塩基にはチミン（T）がなく（ ^{52} ）（U）がある。

- (^{53})…DNA の塩基配列が RNA に写し取られる過程。DNA の塩基対の結合が切れて１本ずつのヌクレオチド鎖になり、一方を鋳型として RNA が合成される。転写によってつくられ、タンパク質のアミノ酸の種類や配列順序を決める RNA は、(^{54})と呼ばれる。

- (^{55})…mRNA の塩基配列にもとづいてアミノ酸が結合していき、タンパク質が合成される過程。mRNA の(^{56})つの塩基の並び（コドン）で１つのアミノ酸が指定される。アミノ酸は、コドンに相補的に結合するアンチコドンをもつ(^{57})によって運搬される。

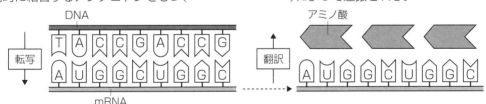

◆**ゲノム**　生物が自らを形成・維持するのに必要な最小限の遺伝情報の１セットを(^{58})といい、その生物の生殖細胞１個がもつ遺伝情報に相当する。遺伝子は、ヒトではゲノムの約1.5%を占める。多細胞生物を構成する各細胞は、基本的に同じゲノムをもつにもかかわらず、異なる形態や機能を現す。これは、それぞれの細胞で働く遺伝子と働かない遺伝子が異なるからである。

解答

1－DNA　2－グリフィス　3－S　4－R　5－S　6－形質転換　7－エイブリー　8－S　9－R　10－R　11－S　12－DNA
13、14－ハーシー、チェイス　15－DNA　16－タンパク質　17－DNA　18－糖　19－リン酸　20－塩基　21－ヌクレオチド
22－アデニン　23－チミン　24－グアニン　25－シトシン　26－チミン　27－シトシン　28－１：１　29、30－ワトソン、クリック
31－塩基の相補性　32－二重らせん　33－半保存的複製　34－分裂　35－間　36－細胞周期　37－S（DNA 合成）　38－2
39－S（DNA 合成）　40－前　41－中　42－赤道面　43－後　44－終　45－アミノ酸　46－酵素　47－タンパク質　48－RNA
49－セントラルドグマ　50－１本　51－リボース　52－ウラシル　53－転写　54－mRNA（伝令 RNA）　55－翻訳　56－3
57－tRNA（転移 RNA）　58－ゲノム

必修問題

10 ☆ **遺伝子の本体** （3分） 遺伝に関する次の文章を読み、以下の各問いに答えよ。

細菌に感染するウイルスの一種であるバクテリオファージは、外殻(殻)を構成する（ ア ）と、内部に含まれる（ イ ）からできている。ハーシーとチェイスは、バクテリオファージを用いた実験によって、遺伝子の本体がDNA(デオキシリボ核酸)であることを示した。

問1 文中の（ ア ）・（ イ ）に入る語として最も適当なものを次の①～⑤のうちから1つずつ選べ。
① DNA ② タンパク質 ③ 炭水化物 ④ 細胞膜 ⑤ 核

問2 下線部のハーシーとチェイスの実験以前に、遺伝子の本体がDNAである可能性を示した研究結果として最も適当なものを、次の①～④のうちから1つ選べ。
① ミーシャーがヒトの傷口の膿からヌクレイン(DNA)を発見した。
② ワトソンとクリックがDNAの二重らせんモデルを提唱した。
③ エイブリー(アベリー)らが、肺炎双球菌の形質転換を起こす物質がDNAであることを確かめた。
④ メンデルが遺伝の法則を発見した。

(11. センター本試〔Ⅰ〕)

11 ☆☆ **形質転換** （5分） 次の文章を読み、以下の各問いに答えよ。

グリフィスは、肺炎双球菌に、鞘をもつ病原性のS型菌と鞘をもたない非病原性のR型菌とがあり、煮沸殺菌したS型菌と生きたR型菌とを混ぜてネズミに注射すると ア に変化することを発見した。このような現象は イ と呼ばれる。その後、エイブリーらは、肺炎双球菌の イ を引き起こす原因物質がDNAであることを明らかにした。一方、当時は ウ が遺伝物質であるという考えも依然としてあった。ハーシーとチェイスは、大腸菌に感染するウイルスを用いた巧妙な実験により、遺伝子の本体が ウ でなくDNAであることを証明した。次の年、ワトソンとクリックは、ウィルキンスらの研究結果をもとに、エDNAの構造モデルを提案した。

問1 ア ～ ウ に入る語の組み合わせとして、最も適当なものを1つ選べ。

	ア	イ	ウ		ア	イ	ウ
①	S型菌がR型菌	形質発現	炭水化物	②	S型菌がR型菌	形質転換	タンパク質
③	S型菌がR型菌	形質発現	脂質	④	S型菌がR型菌	形質転換	炭水化物
⑤	R型菌がS型菌	形質発現	タンパク質	⑥	R型菌がS型菌	形質転換	脂質
⑦	R型菌がS型菌	形質発現	炭水化物	⑧	R型菌がS型菌	形質転換	タンパク質

問2 DNAを含まない細胞小器官として、最も適当なものを次の①～④のうちから1つ選べ。
① 液胞 ② 葉緑体 ③ 核 ④ ミトコンドリア

問3 下線部エのモデルに最も近いものを、次の①～⑤のうちから1つ選べ。

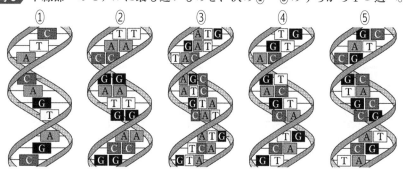

(10. センター本試〔Ⅰ〕改題)

12 ☆☆☆

遺伝暗号の解明 （5分） 遺伝暗号を題材にしたあるゲームに関する次の文章を読み、以下の問いに答えよ。

10人の生徒がDNAの塩基配列とタンパク質のアミノ酸配列の対応を参考にしてつくった暗号を解いて、さらに暗号文をつくるというゲームを行った。10人が行ったゲームは次の通りである。この暗号は4種類の記号●○■□からできている。たとえば、下の「ⅰ」のように●を連続して並べると、その暗号文は「ゲ」という文字の連続になる。さらに、「ⅱ」〜「ⅴ」のように連続して並べると、その解読文はそれぞれ右に書かれたようになる。なお、……の部分は、記号が書かれている部分が何度もくり返していることを意味している。また、「ⅲ」と「ⅴ」の解読文は1種類には決まらず、3種類存在する。

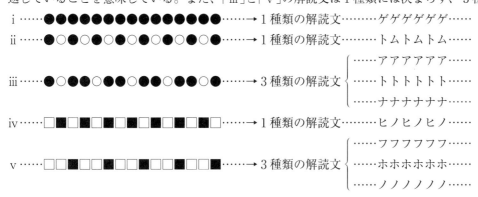

上のⅰ〜ⅴをもとにして、10人の生徒は「ヒトゲノム」という言葉を暗号文にしてみた。正しくつくれた生徒を次の①〜⓪のうちから1つ選べ。

① □■●○●●□□○●
② ■□○●●●■●○
③ ■□●●○●●●□■□○●○
④ ■□■●○●●●□■○○●○
⑤ □■●●○●●●□■○○●○
⑥ □■□●●○●●□■□○●○
⑦ □■●■●○●●●□□■○●○○●
⑧ ■□●■○●●●□■□○●○○●
⑨ ■□●■○●●●□■□○●○○●
⓪ □■□●●○●●●□■□○○●●

(11. 日本生物学オリンピック改題)

13 ☆

塩基の相補性 （3分） 塩基の相補性に関する次の文章を読み、以下の問いに答えよ。

ある動物細胞のDNAの塩基組成を調べたところ、グアニンとシトシンの合計が全体の54％を占めていることがわかった。今、このDNAの2本の鎖のそれぞれについて塩基組成を考える。一方の鎖の全塩基のうちアデニンの割合が24％であった場合、他方の鎖におけるアデニンの割合は何％であるか。その割合を次の①〜ⓑのうちから1つ選べ。

① 14％   ② 16％   ③ 18％   ④ 20％   ⑤ 22％   ⑥ 24％
⑦ 26％   ⑧ 28％   ⑨ 30％   ⓪ 32％   ⓐ 34％   ⓑ 36％

14 探究 ☆☆ **半保存的複製** 5分 　DNA の複製に関する次の文章を読み、以下の問いに答えよ。

　窒素(N)を ^{14}N よりも重い ^{15}N で置き換えた塩化アンモニウム($^{15}NH_4Cl$)のみを窒素源として含む培地で大腸菌を培養し、大腸菌の窒素のほとんどが ^{14}N から ^{15}N に置き換わったところで一部の大腸菌を回収し、そのDNAをAとした。次に、$^{14}NH_4Cl$ のみを窒素源として含む培地に残りの大腸菌を移して培養し、1回、2回と分裂した菌からDNAを抽出し、それぞれB、Cとした。さらに培養を続け、大腸菌の窒素がほとんど ^{14}N に置き換わったところで一部の大腸菌を回収し、そのDNAをDとした。A～Dから等量を塩化セシウム溶液が入った遠心管に移し、長時間遠心分離した。AとDのDNA分子のバンド位置がそれぞれ図のAとDであるとしたときに、BとCのDNA分子のバンド位置の組み合わせとして最も適当なものを、次の①～⓪のうちから1つ選べ。

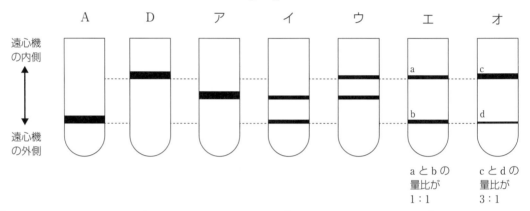

① B:ア　C:イ　　② B:ア　C:ウ　　③ B:ア　C:エ　　④ B:ア　C:オ

⑤ B:イ　C:ウ　　⑥ B:イ　C:エ　　⑦ B:イ　C:オ　　⑧ B:ウ　C:エ

⑨ B:ウ　C:オ　　⓪ B:エ　C:オ

(22. 武蔵野大改題)

15 探究 ☆☆☆ **体細胞分裂の観察** 5分

　右図は、タマネギの根端部分を固定後にやわらかくし、染色して押しつぶし、顕微鏡で観察したときの写真である。以下の各問いに答えよ。

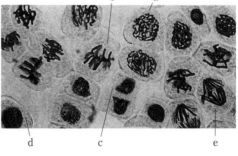

問1 図中のa～eのうち、分裂期の後期のものを、次の①～⑤のうちから1つ選べ。

① a　　② b　　③ c

④ d　　⑤ e

問2 図中のa～eの記号をつけた細胞を細胞分裂の進行の順に並べると、どのようになるか。最も適当なものを次の①～⑥のうちから1つ選べ。

①　d→a→b→c→e　　②　d→a→b→e→c　　③　d→b→a→e→c

④　d→b→e→a→c　　⑤　d→c→b→e→a　　⑥　d→c→e→b→a

問3 上図から判断して、全体の細胞数に対する分裂期の細胞の割合はいくらか。最も近い値を、次の①～④のうちから1つ選べ。

①　25%　　　②　50%　　　③　75%　　　④　100%

(00. センター本試〔ⅠB〕改題)

16 ☆☆

細胞分裂 3分　細胞の分裂に関する以下の各問いに答えよ。

問1　体細胞分裂に関する記述として**誤っているもの**を、次の①～④のうちから1つ選べ。

① 分裂期に要する時間より、間期に要する時間の方が長い。

② ふつう、1個の母細胞から2個の娘細胞がつくられる。

③ 分裂の前後では、染色体の数は変わらない。　　④ 核分裂と細胞質分裂は同時にはじまる。

問2　体細胞分裂の観察に関する記述として、最も適当なものを次の①～④のうちから1つ選べ。

① 根の先端付近で観察できる。　　　② 葉の細胞であれば、どの細胞でも観察できる。

③ 植物のどの部分でも観察できる。　　④ 若いつぼみのおしべの葯で観察できる。

17 探究 ☆☆

細胞周期 5分　細胞周期は、4つの時期（ア G₁期、イ G₂期、ウ M期、エ S期、順不同）に分
けられる。細胞周期の時間を測定するために、一定の細
胞周期で分裂・増殖している1000個の培養細胞を顕微
鏡で観察した。その結果、間期の細胞が900個で残りは
分裂期の細胞であった。この培養条件（細胞周期）におけ
る、1細胞当たりのDNA量の変化を右図に示した。

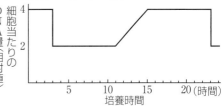

問1　この培養細胞の細胞周期は何時間か。次の①～④のうちから1つ選べ。

① 20時間　　② 22時間　　③ 24時間　　④ 26時間

問2　下線部ア～エの4つの時期の長さはそれぞれ何時間か。次の①～④のうちから1つずつ選べ。

① 2時間　　② 4時間　　③ 6時間　　④ 8時間　　　　　　　　(11. 杏林大改題)

18 ☆☆☆

タンパク質の合成 5分　タンパク質は、生体内でDNAの遺伝情報にもとづいて合成される。
このとき、RNAは両者を橋渡しする役割を担う。DNAとRNAはともに塩基を含むが、ₐそれぞ
れを構成する塩基の種類は一部が異なる。DNAの遺伝情報はmRNAに｜ア｜される。mRNA
の情報に従って、｜イ｜と呼ばれる過程によって、ₕタンパク質が合成される。

問1　下線部aに関して、DNAとRNAとで異なる塩基の組み合わせを次の①～⑧のうちから1つ選べ。

	DNAにあって RNAにない塩基	RNAにあって DNAにない塩基		DNAにあって RNAにない塩基	RNAにあって DNAにない塩基
①	アデニン	シトシン	②	アデニン	チミン
③	ウラシル	シトシン	④	ウラシル	チミン
⑤	シトシン	ウラシル	⑥	シトシン	チミン
⑦	チミン	ウラシル	⑧	チミン	シトシン

問2　文中の空欄に入る語の組み合わせとして最も適当なものを、次の①～⑥のうちから1つ選べ。

① ア:複製　イ:翻訳　　② ア:複製　イ:転写　　③ ア:翻訳　イ:複製

④ ア:翻訳　イ:転写　　⑤ ア:転写　イ:複製　　⑥ ア:転写　イ:翻訳

問3　下線部bに関連する記述として最も適当なものを、次の①～⑤のうちから1つ選べ。

① 同じ個体でも、組織や細胞の種類によって合成されるタンパク質の種類や量に違いがある。

② 食物として摂取したタンパク質は、そのまま細胞内に取り込まれ、分解されることなく別のタン
パク質の合成に使われる。

③ タンパク質はヌクレオチドが連結されてできている。

④ DNAの遺伝情報がRNAを経てタンパク質に一方向に変換される過程は、形質転換と呼ばれる。

⑤ mRNAの塩基3つの並びが、1つのタンパク質を指定している。　　(16. センター本試〔生物基礎〕)

19 コドンとアンチコドン　4分

図は真核細胞の細胞質でタンパク質合成が行われている状態を示したものである。

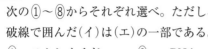

問1 図の(ア)～(エ)に入る適当な語を、次の①～⑧からそれぞれ選べ。ただし、破線で囲んだ(イ)は(エ)の一部である。

① ヌクレオチド　　② mRNA　　③ アンチコドン　　④ コドン

⑤ タンパク質　　⑥ DNA　　⑦ tRNA　　⑧ 核

問2 図から考えられる「メチオニンに対応するコドン」、「セリンに対応するコドン」、「mRNAの鋳型となったDNAの塩基配列」の組み合わせとして最も適当なものを、次の①～④のうちから1つ選べ。

	メチオニンに対応するコドン	セリンに対応するコドン	mRNAの鋳型となったDNAの塩基配列
①	UUG	UCA	ATGAGTGGGTATTTATTA
②	UUG	UCA	TACTCACCCATAAATAAT
③	AUG	AGU	ATGAGTGGGTATTTATTA
④	AUG	AGU	TACTCACCCATAAATAAT

20 遺伝情報　4分　次の文章を読み、以下の各問いに答えよ。

ァDNAは遺伝子の本体であり、真核生物では染色体を構成している。近年、DNAや遺伝子に関わる学問や技術は飛躍的に進歩し、さまざまな生物種でゲノムが解読された。しかしながら、ィゲノムの解読は、その生物の成り立ちを完全に解明したことを意味しない。たとえば、ゥ多細胞生物の個体を構成する細胞にはさまざまな種類があり、これらは異なる性質や働きをもつ。

問1 下線部アに関連して、DNAや染色体の構造に関する記述として最も適当なものを、次の①～⑤のうちから1つ選べ。

① DNAの中で、隣接するヌクレオチドどうしは、糖と糖の間で結合している。

② DNAの中で、隣接するヌクレオチドどうしは、リン酸とリン酸の間で結合している。

③ DNAの2本のヌクレオチド鎖の塩基配列は、互いに同じである。

④ 染色体は、間期には糸状に伸びて核全体に分散しているが、体細胞分裂の分裂期には凝縮される。

⑤ 体細胞分裂の間期では、凝縮した染色体が複製される。

問2 下線部イについて、次のa～dのうち、ゲノムに含まれる情報を過不足なく含むものを、下の①～⑧のうちから1つ選べ。

a 遺伝子の領域の全ての情報　　b 遺伝子の領域の一部の情報

c 遺伝子以外の領域の全ての情報　　d 遺伝子以外の領域の一部の情報

① a　② b　③ c　④ d　⑤ a、c　⑥ a、d　⑦ b、c　⑧ b、d

問3 下線部ウについて、このことの一般的な理由として最も適当なものを、次の①～⑤のうちから1つ選べ。

① DNAの量が異なる。　　② 働いている遺伝子の種類が異なる。

③ ゲノムが大きく異なる。　　④ 細胞分裂時に複製される染色体が異なる。

⑤ ミトコンドリアには、核とは異なるDNAがある。

(21. 大学入学共通テスト第2日程〔生物基礎〕)

21 遺伝子の発現 5分 次の文章を読み、以下の各問いに答えよ。

2012年にノーベル賞を受賞した（　ア　）は、アフリカツメガエルの未受精卵に 紫外線を照射し、他の胚やオタマジャクシの腸の上皮細胞の核を移植して、成体まで発生させることに成功した。

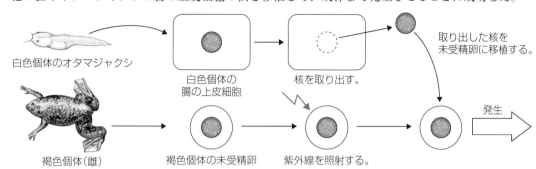

白色個体のオタマジャクシ

白色個体の
腸の上皮細胞

核を取り出す。

取り出した核を
未受精卵に移植する。

褐色個体（雌）

褐色個体の未受精卵

紫外線を照射する。

発生

問1 （　ア　）に当てはまる人物名として、最も適当なものを1つ選べ。

① ワトソン　　② ウィルキンス　　③ シャルガフ　　④ クリック

⑤ エイブリー　　⑥ グリフィス　　⑦ ガードン　　⑧ 山中伸弥

問2 下線部イの操作を行った理由として、最も適当なものを1つ選べ。

① 核を不活性化する。　　　　　　　　② 酵素を活性化させる。

③ ミトコンドリアの働きを抑制する。　　④ 細菌を殺す。

問3 図の核移植の結果、何色のオタマジャクシができるか。最も適当なものを1つ選べ。

① 褐色　　② 白色　　③ 褐色と白色がまだらに現れる　　④ 褐色と白色の中間色になる

問4 この実験から推察されることとして、最も適当なものを1つ選べ。

① 分化した細胞の核には、一部の遺伝情報しか存在しない。

② 分化に伴って遺伝情報は徐々に変化する。

③ 分化した細胞の核にもすべての遺伝情報が含まれる。

④ 分化に伴って、新たに遺伝情報がふえる。

22 だ腺染色体 5分 下図はキイロショウジョウバエのだ腺染色体のスケッチである。この図を参考にして以下の各問いに答えよ。

問1 キイロショウジョウバエのだ腺染色体に関する記述として
誤っているものを次の①～④のうちから1つ選べ。

① 通常の染色体よりも巨大である。

② 酢酸オルセイン溶液で染色すると多数の横じまがみられる。

③ 横じまは遺伝子の位置に対応している。

④ 分裂期にのみみられる。

問2 図中の矢印で示された部分は他の部分に比べてふくらんでおり、横じまが不明瞭である。この部分の名称として、最も適切なものを次の①～④のうちから1つ選べ。

① ゲノム　　② ヌクレオチド　　③ 二重らせん構造　　④ パフ

問3 矢印で示された部分で活発に合成されているものをア、イから1つ、その現象の名称をウ、エから1つ選び、その組み合わせとして最も適当なものを次の①～④のうちから1つ選べ。

ア DNA　　イ mRNA　　ウ 転写　　エ 翻訳

① ア、ウ　　② ア、エ　　③ イ、ウ　　④ イ、エ

(12. 北里大改題)

実践例題 ① ATP量にもとづく細菌数の推定

　ホタルの腹部にある発光器には、酵素の1つであるルシフェラーゼと、その基質(酵素が作用する物質)となるルシフェリンが多量に存在する。ルシフェリンは、ルシフェラーゼの作用で (a)ATPと反応して光を発する。この発光量を測定することで細胞内のATP量を測定できるキットがつくられている。現在はこの方法をさらに応用し、(b)測定されたATP量から、牛乳などの食品内に存在している、あるいは食器に付着している細菌数を推定するキットも開発されている。

問1　下線部(a)に関連して、次の細胞小器官ⓐ〜ⓒのうち、ATPが合成される細胞小器官はどれか。それを過不足なく含むものを、次の①〜⑦のうちから1つ選べ。

ⓐ　核　　　　ⓑ　ミトコンドリア　　　ⓒ　葉緑体

①　ⓐ　　　②　ⓑ　　　③　ⓒ　　　④　ⓐ、ⓑ
⑤　ⓐ、ⓒ　　⑥　ⓑ、ⓒ　　⑦　ⓐ、ⓑ、ⓒ

問2　下線部(b)について、次の記述ⓓ〜ⓖのうち、ATP量から細菌数を推定するために前提となる条件はどれか。その組み合わせとして最も適当なものを、次の①〜⑥のうちから1つ選べ。

ⓓ　個々の細菌の細胞に含まれるATP量は、ほぼ等しい。
ⓔ　細菌以外に由来するATP量は、無視できる。
ⓕ　細菌は、エネルギー源としてATPを消費している。
ⓖ　ATP量の測定は、細菌が増殖しやすい温度で行う。

①　ⓓ、ⓔ　　②　ⓓ、ⓕ　　③　ⓓ、ⓖ
④　ⓔ、ⓕ　　⑤　ⓔ、ⓖ　　⑥　ⓕ、ⓖ

(22. 大学入学共通テスト本試〔生物基礎〕改題)

解答
問1　⑥
問2　①

解法

問1　生体内では、たえず物質の合成や分解が行われている。このような生体内で起こる化学反応全体をまとめて代謝という。代謝には同化と異化があり、ATPは代謝に伴うエネルギーの出入りの仲立ちを担う物質である。細胞小器官ⓐ〜ⓒのうち、ATPが合成されるのはミトコンドリア(異化の代表的な例である呼吸の場)と葉緑体(同化の代表的な例である光合成の場)である。核は染色体を含み、細胞の働きを調節する。

問2　ATP量から細菌数を推定するとき、この実験が成り立つための条件を考える。仮に個々の細菌に含まれるATP量を1として、測定されたATP量を100とすると、細菌数は100／1＝100個と計算できる。このような計算は、個々の細菌に含まれるATP量が変化すると成立しない。

ⓓ　正　細菌の細胞ごとに含まれているATP量が異なると、細菌数を推定できない。

ⓔ　正　測定できるのはATP量のみであり、ATPが何に由来するのかは区別できない。基本的には、細菌由来でないATPは微量と考えられるため、ATPはすべて細菌に由来すると想定して推定を行えばよい。しかし、細菌由来でないATPが多量に存在すると、細菌数を多く見積もることとなり、正しく推定できない。

ⓕ　誤　この実験では細胞中にATPが含まれていることが重要なのであって、何をエネルギー源として消費しているのかは関係ない。なお、細菌だけがATPを利用するのではなく、すべての生物がATPを利用している。

ⓖ　誤　細菌をふやしてからATP量を測定する実験ではなく、測定時に存在している細菌数を調べる実験のため、測定温度は関係ない。

実践例題 ❷ 酵素の性質

　ニワトリの肝臓に含まれる酵素の性質を調べるために、過酸化水素水にニワトリの肝臓片を加えたところ、酸素が盛んに泡となって発生した。この結果から、ニワトリの肝臓に含まれる酵素は、過酸化水素を分解し酸素を発生させる反応を触媒する性質をもつと推測される。しかし、酸素の発生は酵素の触媒作用によるものではなく、「何らかの物質を加えることによる物理的刺激によって過酸化水素が分解し酸素が発生する」という可能性[1]、「ニワトリの肝臓片自体から酸素が発生する」という可能性[2]が考えられる。これらを検証するために、次のa〜fのうち、それぞれどの実験を行えばよいか。その組み合わせとして最も適当なものを、次の①〜⑨のうちから1つ選べ。

　a　過酸化水素水に酸化マンガン(Ⅳ)* を加える実験

　b　過酸化水素水に石英砂 ** を加える実験

　c　過酸化水素水に酸化マンガン(Ⅳ)と石英砂を加える実験

　d　水にニワトリの肝臓片を加える実験

　e　水に酸化マンガン(Ⅳ)を加える実験

　f　水に石英砂を加える実験

　*酸化マンガン(Ⅳ)：「過酸化水素を分解し酸素を発生させる反応」を触媒する。

　**石英砂：「過酸化水素を分解し酸素を発生させる反応」を触媒しない。

	可能性[1]を検証する実験	可能性[2]を検証する実験		可能性[1]を検証する実験	可能性[2]を検証する実験
①	a	d	②	a	e
③	a	f	④	b	d
⑤	b	e	⑥	b	f
⑦	c	d	⑧	c	e
⑨	c	f			

(19. センター本試〔生物基礎〕)

解答

④

解法

　肝臓片に含まれる酵素(カタラーゼ)の働きにより、基質である過酸化水素は分解され、反応生成物の酸素が発生する。

　可能性[1]の「物質を加えることによる物理的刺激によって酸素が発生する」を検証するためには、酵素を含む肝臓片の代わりに、石英砂(反応を触媒しない)を加えることによって物理的刺激を与え、酸素の発生の有無を確認すればよい。酸素が発生しなければ可能性[1]は否定され、発生すれば可能性[1]は支持される。なお、酸化マンガン(Ⅳ)は、注にある通り触媒として働く。このため、過酸化水素水に酸化マンガン(Ⅳ)を加えて酸素が発生したとしても、触媒作用によって酸素が発生したのか、物理的刺激によって発生したのかを判別することができない。

　可能性[2]の「肝臓片自体から酸素が発生する」を検証するには、過酸化水素水の代わりに水(基質である過酸化水素を含まない)に肝臓片を加え、酸素の発生の有無を確認すればよい。酸素が発生しなければ可能性[2]は否定され、発生すれば可能性[2]は支持される。

遺伝子に関する次の文章を読み、以下の各問いに答えよ。

遺伝子の本体である DNA は通常、二重らせん構造をとっている。しかし、例外的ではあるが、1 本鎖の構造をもつ DNA も存在する。以下の表 1 は、いろいろな生物材料の DNA を解析し、4 種類の塩基 A、G、C、T の数の割合（％）と核 1 個当たりの平均の DNA 量を比較したものである。

表　1

生物材料	DNA 中の各塩基の数の割合（％）				核 1 個当たりの平均の DNA 量（×10^{-12}g）
	A	G	C	T	
ア	26.6	23.1	22.9	27.4	95.1
イ	27.3	22.7	22.8	27.2	34.7
ウ	28.9	21.0	21.1	29.0	6.4
エ	28.7	22.1	22.0	27.2	3.3
オ	32.8	17.7	17.3	32.2	1.8
カ	29.7	20.8	20.4	29.1	−
キ	31.3	18.5	17.3	32.9	−
ク	24.4	24.7	18.4	32.5	−
ケ	24.7	26.0	25.7	23.6	−
コ	15.1	34.9	35.4	14.6	−

−：データなし

問1 解析した10種類の生物材料（ア〜コ）のなかに、1 本鎖の構造をもつ DNA が 1 つ含まれている。最も適当なものを、次の①〜⓪のうちから 1 つ選べ。

① ア　　　② イ　　　③ ウ　　　④ エ

⑤ オ　　　⑥ カ　　　⑦ キ　　　⑧ ク

⑨ ケ　　　⓪ コ

問2 核 1 個当たりの DNA 量が記されている生物材料（ア〜オ）のなかに、同じ生物の肝臓に由来したものと精子に由来したものがそれぞれ 1 つずつ含まれている。この生物の精子に由来したものとして、最も適当なものを次の①〜⑤のうちから 1 つ選べ。

① ア　　　② イ　　　③ ウ　　　④ エ　　　⑤ オ

問3 新しい DNA サンプルを解析したところ、T が G の 2 倍量含まれていた。この DNA の推定される A の割合として最も適当な値を、次の①〜⑥のうちから 1 つ選べ。ただし、この DNA は、二重らせん構造をとっている。

① 16.7　　　② 20.1　　　③ 25.0　　　④ 33.4

⑤ 38.6　　　⑥ 40.2

（09. センター本試〔Ⅰ〕）

解答

問1 ⑧

問2 ④

問3 ④

解法

DNAの構造の問題である。

問1 2本鎖のDNAの場合、そのヌクレオチドの塩基であるA（アデニン）、G（グアニン）、C（シトシン）、T（チミン）は、AとT、GとCが相補的に結合しているので、AとT、GとCの量がほぼ等しくなる。しかし、1本鎖のDNAでは、A、G、C、Tが相補的に結合しているわけではない。したがって、1本鎖のDNAの塩基の数の割合は、A＝T、G＝Cとはならない。

ク以外の生物材料では、塩基の数の割合はほぼA＝T、G＝Cとなっているが、クでは、A（24.4）≠T（32.5）、G（24.7）≠C（18.4）と大きく異なっている。したがって、クが1本鎖のDNAである。

なお、一般的にDNAは2本鎖であるが、ウイルスのなかには1本鎖のDNAをもつものもいる。

問2 精子は減数分裂でつくられるため、そのDNA量は肝臓の半分であると考えればよい。表のア～オのなかでは、エがウの約半分に、また、オがエの約半分になっており、エかオのどちらかが精子であると考えられる。次に、塩基A、T、G、Cの割合を比較すると、エとオは大きく異なるが、ウとエはほぼ同じである。同じ生物に由来する核に含まれるDNAの塩基の数の割合は等しくなるので、精子はエであると判断できる。

なお、精子にはX染色体をもつものとY染色体をもつものがあり、個々の精子を調べた場合、塩基の数の割合が多少異なっていると考えられる。しかし、多くの精子の平均値を考えれば、その塩基の数の割合は肝臓のものとほぼ等しくなると考えられる。

問3 Aの割合を x ％とおくと、A＝Tなので、

$$A＝T＝x \cdots ①$$

また、TがGの2倍含まれていたので、

$$T＝2G＝x$$

$$G＝\frac{x}{2}$$

となる。G＝Cであるから、

$$G＝C＝\frac{x}{2} \cdots ②$$

4種類の塩基の数の割合の合計は100％となるので、

$$A＋T＋G＋C＝100 \cdots ③$$

①、②を③に代入すると、

$$x＋x＋\frac{x}{2}＋\frac{x}{2}＝100$$

$$2x＋x＝100$$

$$3x＝100$$

$$x＝\frac{100}{3}≒33.3$$

したがって、最も近い答えは④33.4となる。

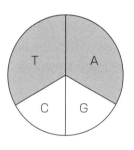

図 DNAの塩基組成

塩基の数の割合（％）は、

A＋T＋G＋C＝100

A＝T、G＝C

となる。

実践問題

23 ☆☆ **生物と遺伝子** 5分 次の文章を読み、以下の各問いに答えよ。

(a)地球上に出現した最初の生物は原核生物であり、原核生物の進化によって真核生物が出現したと考えられている。真核細胞の一部は葉緑体をもつが、葉緑体の起源は真核細胞に共生したシアノバクテリアであるとされる。(b)長い共生の歴史のなかで独立して代謝を行うことができなくなったシアノバクテリアが、葉緑体になったと推測されている。

問1 下線部(a)に関連して、原核細胞と真核細胞の比較に関する記述として最も適当なものを、次の①～⑤のうちから1つ選べ。

① DNA と RNA は、原核細胞にも真核細胞にも存在するが、構成する塩基の種類は両者で異なる。

② 酵素は、原核細胞には存在しないが、真核細胞には存在するので、真核細胞では原核細胞よりも代謝が速く進む。

③ ATP は、原核細胞でも真核細胞でも合成されるが、原核細胞には ATP 合成の場であるミトコンドリアは存在しない。

④ 細胞の大きさは、原核細胞よりも真核細胞のほうが大きいことが多いが、原核細胞と真核細胞のどちらにも1個の細胞を肉眼で観察できるものはない。

⑤ 光合成は、真核細胞では行われるが、原核細胞では行われない。

問2 下線部(b)に関連して、葉緑体をもつ藻類が動物細胞に取り込まれて共生している例が知られている。この例で、藻類が動物細胞に取り込まれた直後と、その共生の関係が長く続いたときとを比べた場合にみられる、藻類と動物細胞の代謝の変化に関する次の文章中の（ ア ）～（ ウ ）に入る語の組み合わせとして最も適当なものを、次の①～⑧のうちから1つ選べ。

藻類から動物細胞へ（ ア ）が供給されるため、動物細胞が生存できる可能性が高くなると考えられる。藻類は、動物細胞が生成するアミノ酸などを栄養分として利用するようになり、その結果、この栄養分を取り込む働きをもつタンパク質の遺伝子の発現が（ イ ）する。動物細胞では、この栄養分を生成するために働くタンパク質の遺伝子の発現が（ ウ ）する。

	ア	イ	ウ
①	二酸化炭素	上昇	上昇
②	二酸化炭素	上昇	低下
③	二酸化炭素	低下	上昇
④	二酸化炭素	低下	低下
⑤	糖	上昇	上昇
⑥	糖	上昇	低下
⑦	糖	低下	上昇
⑧	糖	低下	低下

(23. 大学入学共通テスト本試〔生物基礎〕改題)

ヒント！ 問2 共生の関係が長く続いているということは、お互いに栄養分などを渡しあうことが互いの利益になっていると考えられる。

24 原核生物と真核生物の違い ☆☆☆ 6分

生物の共通性に関する以下の各問いに答えよ。

問1 図1は、提出されなかった宿題プリントの
ようである。そのプリント内の解答欄ⓐ〜ⓓの
書き込みのうち、間違っているのは何箇所か。
当てはまる数値として最も適当なものを、次の
①〜⑤のうちから1つ選べ。

① 0 ② 1 ③ 2 ④ 3 ⑤ 4

問2 プリントの一部に、図2のようなATP合
成に関連したパズルがあった。図2のⅠ〜Ⅲに、
下のピースa〜fのいずれかを当てはめると、
光合成あるいは呼吸の反応についての模式図が
完成する。図2のⅠ〜Ⅲそれぞれに当てはまる
ピースa〜fの組み合わせとして最も適当なも
のを、次の①〜⑥のうちから1つ選べ。

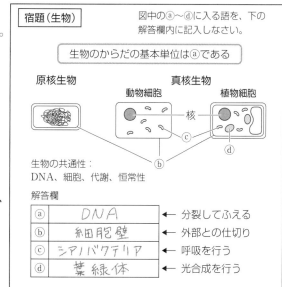

図1

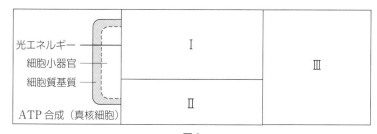

図2

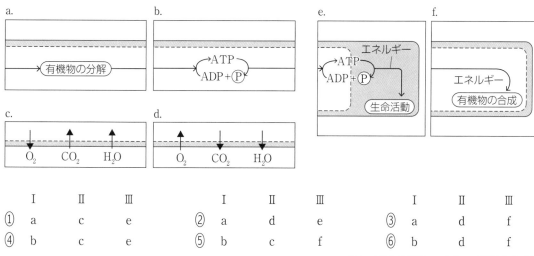

	Ⅰ	Ⅱ	Ⅲ		Ⅰ	Ⅱ	Ⅲ		Ⅰ	Ⅱ	Ⅲ
①	a	c	e	②	a	d	e	③	a	d	f
④	b	c	e	⑤	b	c	f	⑥	b	d	f

(21. 大学入学共通テスト第1日程〔生物基礎〕)

ヒント! **問2** 図示されている真核生物が光エネルギーを利用していることから、これは植物細胞の代謝
の過程を図示したものであることがわかる。

25 生物の特徴　7分　生物の特徴および遺伝子とその働きに関する次の文章を読み、以下の各問いに答えよ。

☑ ☆☆☆

地球上には(a)多種多様な生物が存在し、さまざまな環境下で生命活動を行っている。この生命活動は生体内での化学反応、つまり物質の合成や分解などの(b)代謝によって担われており、(c)代謝の方法や産物は、生物の種や生物をとりまく環境によって異なることがある。

問1　下線部(a)に関連する記述として最も適当なものを、次の①～⑤のうちから1つ選べ。
① 原核生物は、DNA をもつが核膜をもたない。
② 真核生物は、細胞小器官をもつが細胞質基質をもたない。
③ 原核生物と真核生物の細胞は、ミトコンドリアをもつ。
④ 動物と植物の細胞は、細胞壁をもつ。
⑤ すべての動物は、外骨格をもつ。

問2　下線部(b)に関連して、次の文章中の（　ア　）・（　イ　）に入る語の組み合わせとして最も適当なものを、次の①～④のうちから1つ選べ。

呼吸では、有機物を代謝する過程で放出されたエネルギーを利用して、ATP が合成される。ATP は（　ア　）に3分子のリン酸が結合した化合物であり、（　イ　）の高エネルギーリン酸結合をもつ。

	ア	イ		ア	イ
①	アデニン	2つ	②	アデニン	3つ
③	アデノシン	2つ	④	アデノシン	3つ

問3　下線部(c)に関連して、酵母菌(酵母)や麹菌(コウジカビ)の代謝を利用すると、デンプンからエタノールを合成できる。これらの菌がもつ代謝の方法は異なり、酵母菌はデンプンを分解できないがエタノールを合成でき、麹菌はデンプンを分解できるがエタノールを合成できない。また、環境によっても代謝が異なり、大気中の酸素が利用できる環境では、酵母菌・麹菌は呼吸によって得たエネルギーを用いて増殖できる一方、大気中の酸素が利用できない環境では、麹菌は呼吸ができないが、酵母菌はグルコースからエタノールを合成する過程でエネルギーを得ることができる。これらのことから、デンプン溶液に酵母菌と麹菌を同時に加えて増殖させ、エタノールを効率的に合成する実験方法として最も適当なものを、次の①～⑥のうちから1つ選べ。
① 溶液を大気中の酸素が利用できる環境に置いておく。
② 溶液を大気中の酸素が利用できない環境に置いておく。
③ 溶液を大気中の酸素が利用できる環境に置き、溶液がヨウ素液に強く反応するようになったら、酸素が利用できない環境に置いておく。
④ 溶液を大気中の酸素が利用できない環境に置き、溶液がヨウ素液に強く反応するようになったら、酸素が利用できる環境に置いておく。
⑤ 溶液を大気中の酸素が利用できる環境に置き、溶液がヨウ素液に強く反応しなくなったら、酸素が利用できない環境に置いておく。
⑥ 溶液を大気中の酸素が利用できない環境に置き、溶液がヨウ素液に強く反応しなくなったら、酸素が利用できる環境に置いておく。

(20. センター追試〔生物基礎〕改題)

ヒント！ 問3　まずデンプンを分解して、酵母菌の代謝(グルコースからのエタノール合成)を利用できる状態になるような一連の流れを考える。

✓ **26** 探究 ☆☆
体細胞分裂 8分 体細胞分裂に関する次の文章を読み、以下の各問いに答えよ。

細胞が体細胞分裂をして増殖しているとき、細胞は、「分裂期」、「分裂期のあと DNA 合成（複製）開始までの時期」、「DNA 合成の時期」、および「DNA 合成のあと分裂期開始までの時期」の 4 つの時期をくり返す。これを細胞周期という。

図 1 は、ある哺乳類の培養細胞の集団の増殖を示す。グラフから、細胞周期の 1 回に要する時間 T が読みとれる。また、この培養細胞では、細胞周期のそれぞれの時期に要する時間 t は、次の式によって計算できる。

$t = T \times (n / N)$

ただし、N は集団から試料としてとった全細胞数、n は試料中のそれぞれの時期の細胞数である。

問 1 1 回の細胞周期に要する時間は何時間か。次の①〜⑤のうちから 1 つ選べ。

① 10　　② 20　　③ 30
④ 40　　⑤ 50

問 2 図 2 は、図 1 の A の時点で6000個の細胞を採取して、細胞当たりの DNA 量を測定した結果である。次の文中の ア 〜 ウ に入れるのに適当なものはどれか。以下の①〜⑥のうちから正しいものを 1 つずつ選べ。

図 2 の棒グラフの ア は、DNA 合成の時期の細胞である。 イ は、DNA 合成のあと分裂期開始までの時期と分裂期の両方の時期の細胞を含む。 ウ は、分裂期のあと次の DNA 合成開始までの時期の細胞である。

① B　　　　② C
③ D　　　　④ B ＋ C
⑤ B ＋ D　　⑥ C ＋ D

問 3 図 2 で、測定した6000個の細胞のうち、DNA 合成の時期の細胞数は1500個であった。また、分裂期の細胞数は300個であった。この培養細胞における細胞周期のそれぞれの時期に要する時間として、最も適当な数値はどれか。次の①〜⓪のうちから 1 つずつ選べ。ただし、細胞周期の 1 回に要する時間を100％とする。

分裂期　　　　　　　　　　　　　 エ ％

分裂期のあと DNA 合成開始までの時期

オ ％

DNA 合成の時期　　　　 カ ％

① 1　　② 2.5　　③ 5　　④ 10　　⑤ 15
⑥ 20　　⑦ 25　　⑧ 50　　⑨ 70　　⓪ 90

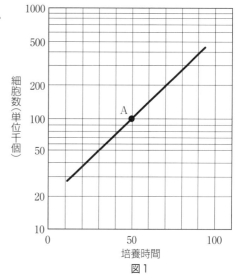
図 1

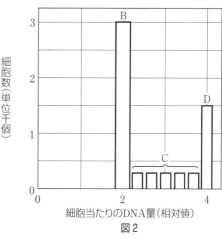
図 2

（91. センター試験追試）

ヒント！ **問 2** 横軸の細胞当たりの DNA 量をもとに、細胞周期のどの時期に当たるかを判断する。

27 探究 ☆☆

肺炎双球菌 `5分` グリフィスが行った実験にならって以下の**実験1～4**を行った。

実験1 S型菌をネズミに注射すると肺炎を起こしたが、R型菌を注射した場合肺炎を起こさなかった。

実験2 加熱殺菌したS型菌をネズミに注射しても、肺炎を起こさなかった。

実験3 加熱殺菌したS型菌と生きたR型菌を混ぜて注射すると、肺炎を起こすネズミが現れた。このネズミから、生きたS型菌が検出された。

実験4 実験3で得られたS型菌を数世代培養した後にネズミに注射すると、肺炎を起こした。

問1 実験1～4の結果から考察されるS型菌の形質を決定する物質の性質として、**誤っているもの**を次の①～④のうちから1つ選べ。

① R型菌に移り、その形質を変化させる。　　② 熱に対して比較的安定である。

③ 加熱によってR型菌の形質を決める物質に変化する。　　④ 遺伝に関係する。

問2 さらに実験を行ったところ、DNAがS型菌の形質を決定する物質であることがわかった。行った実験とその結果として、最も適当なものを次の①～④のうちから1つ選べ。

① S型菌から抽出した物質の構成成分を定量したところ、DNAが主成分であった。

② S型菌から抽出したDNAをR型菌の培地に加えて培養したところ、S型菌が出現した。

③ S型菌から抽出したタンパク質をR型菌の培地に加えて培養したところ、S型菌が出現した。

④ S型菌から抽出した物質をDNA分解酵素で処理し、R型菌の培地に加えて培養したところ、S型菌が出現した。

(05. センター追試〔ⅠB〕改題)

ヒント！ 問1 加熱殺菌しても形質転換が起こっていることに着目する。

28 探究 ☆☆

ファージ `5分` 次の文章を読み、以下の各問いに答えよ。

バクテリオファージ(ファージ)は、DNA(デオキシリボ核酸)とタンパク質で構成されている。ファージと大腸菌を用いて次の**実験1・実験2**を行った。

実験1 ファージのDNAを物質X、ファージのタンパク質を物質Yで、それぞれ後で区別できるように目印をつけた。このファージを、培養液中の大腸菌に感染させた。5分後に激しく撹拌して大腸菌に付着したファージをはずした後、遠心分離して大腸菌を沈殿させた。沈殿した大腸菌を調べたところ、物質Xが検出されたが、物質Yはほとんど検出されなかった。また、上澄みを調べたところ、物質X、物質Yのどちらも検出された。

実験2 実験1で沈殿した大腸菌を、新しい培養液中で撹拌し培養したところ、3時間後にすべての大腸菌の菌体が壊れた。その後に、培養液を遠心分離して、壊れた大腸菌を沈殿させ、上澄みを調べたところ、ファージは実験1で最初に感染に用いた数の数千倍になっていた。

問1 実験1・実験2の結果に関連する考察として、適当なものを次の①～⑥のうちから**2つ選べ**。

① ファージのタンパク質とファージのDNAは、かたく結びついて離れない。

② ファージのDNAは、感染後5分以内に大腸菌内に入る。

③ ファージのDNAは、大腸菌の表面でふえる。

④ ファージのタンパク質は、大腸菌がふえるために必須である。

⑤ ファージのタンパク質は、大腸菌の中でつくられる。

⑥ 実験2で得られた上澄みをそのまま培養すると、ファージがふえ続け、3時間後には、さらに数千倍になる。

問2　下線部に関連する記述として、適当なものを次の①～⑥のうちから**2つ**選べ。

① DNAは、4種類の塩基があり、AはCと、GはTと、それぞれ対をなして結合している。

② シャルガフは、DNAの塩基について、Aの数の割合とTの数の割合との和は、Cの数の割合とGの数の割合との和に等しいことを発見した。

③ ファージのDNAの各塩基の数の割合は、大腸菌に感染させる前と後でほとんど変わらない。

④ 遺伝情報は、DNAの各塩基の数の割合として組み込まれている。

⑤ ショウジョウバエの核内のDNAは、すべて遺伝子として働いている。

⑥ 減数分裂直後の娘細胞のDNAは、二重らせん構造となっている。

(13. センター本試〔Ⅰ〕改題)

ヒント！ 問1　撹拌しても大腸菌から検出されるということは、大腸菌内に入っている。

☑ **29** ☆ **ゲノムと塩基配列によるアミノ酸の指定** **8分**　次の文章を読み、以下の各問いに答えよ。

近年、ァさまざまな生物のゲノムが解読されている。ゲノム内には、遺伝子として働く部分と、遺伝子として働かない部分とがある。遺伝子として働く部分では、ィその遺伝情報にもとづいてタンパク質が合成される。

問1　下線部アに関連する記述として最も適当なものを、次の①～⑤のうちから1つ選べ。

① 個人のゲノムを調べれば、その人の特定の病気へのかかりやすさを予想できる。

② 個人のゲノムを調べれば、その人がこれまでに食中毒にかかった回数がわかる。

③ 生物の種類ごとに、ゲノムの大きさは異なるが、遺伝子の総数は同じである。

④ 生物の種類ごとに、遺伝子の総数は異なるが、ゲノムの大きさは同じである。

⑤ 植物の光合成速度は、環境によらず、ゲノムによって決定されている。

問2　下線部イに関連して、次の文章中の　ウ　・　エ　に入る数値として最も適当なものを、次の①～⑦のうちからそれぞれ1つずつ選べ。ただし、同じものをくり返し選んでもよい。

DNAの塩基配列は、RNAに転写され、塩基3つの並びが1つのアミノ酸を指定する。たとえば、トリプトファンとセリンというアミノ酸は、次の表の塩基3つの並びによって指定される。任意の塩基3つの並びがトリプトファンを指定する確率は　ウ　分の1であり、セリンを指定する確率はトリプトファンを指定する確率の　エ　倍と推定される。

塩基 3 つの並び		アミノ酸
UGG		トリプトファン
UCA	UCG	セリン
UCC	UCU	
AGC	AGU	

① 4　　② 6　　③ 8　　④ 16

⑤ 20　　⑥ 32　　⑦ 64

(18. 共通テスト試行調査〔生物基礎〕)

ヒント！ 問2　塩基は4種類あることから、任意の塩基3つの並びは何通りあるかを考える。

30 探究 ☆☆

DNA の転写と翻訳 6分 DNA の遺伝情報にもとづいてタンパク質を合成する過程は、ァDNA の遺伝情報をもとに mRNA を合成する転写と、ィ合成した mRNA をもとにタンパク質を合成する翻訳からなる。

問1 下線部アにおいて、遺伝情報を含む DNA 以外で必要な物質と必要でない物質との組み合わせとして最も適当なものを、次の①〜④のうちから1つ選べ。

	DNA のヌクレオチド	RNA のヌクレオチド	DNA を合成する酵素	mRNA を合成する酵素
①	○	×	○	×
②	○	×	×	○
③	×	○	○	×
④	×	○	×	○

注：○は必要な物質を、×は必要でない物質を示す。

問2 下線部イでは、mRNA の3つの塩基の並びから1つのアミノ酸が指定される。この塩基の並びが「○○ C」の場合、計算上、最大何種類のアミノ酸を指定することができるか。最も適当なものを、次の①〜⑨のうちから1つ選べ。ただし、○は mRNA の塩基のいずれかを、C はシトシンを示す。

① 4　② 8　③ 9　④ 12　⑤ 16　⑥ 20　⑦ 25　⑧ 27　⑨ 64

問3 下線部イに関連して、転写と翻訳の過程を試験管内で再現できる実験キットが市販されている。この実験キットでは、まず、タンパク質Gの遺伝情報をもつ DNA から転写を行う。次に、その溶液に、翻訳に必要な物質を加えて反応させ、タンパク質Gを合成する。タンパク質Gは、紫外線を照射すると緑色の光を発する。mRNA をもとに翻訳が起こるかを検証するため、この実験キットを用いて、右図のような実験を計画した。図中のア〜ウに入る語の組み合わせとして最も適当なものを、下の①〜⑥のうちから1つ選べ。

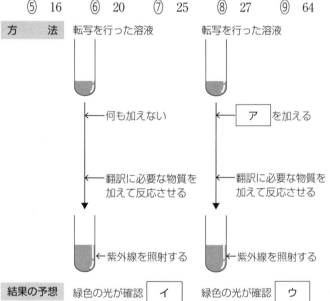

	ア	イ	ウ		ア	イ	ウ
①	DNA を分解する酵素	される	されない	④	mRNA を分解する酵素	されない	される
②	DNA を分解する酵素	されない	される	⑤	mRNA を合成する酵素	される	されない
③	mRNA を分解する酵素	される	されない	⑥	mRNA を合成する酵素	されない	される

(21. 大学入試共通テスト第1日程〔生物基礎〕)

ヒント！ 問3 mRNA をもとに翻訳が起こるかを検証するには、mRNA が含まれる溶液と mRNA が含まれない溶液でそれぞれ翻訳が起こるかを確かめればよい。

31 **遺伝子の発現** 6分 次の文章を読み、以下の各問いに答えよ。

DNA は糖であるデオキシリボースにリン酸と塩基が結合した(a)と呼ばれる構成単位が鎖状に多数結合した高分子化合物である。塩基にはアデニン、チミン、グアニンおよびシトシンの 4 種類があり、この塩基の並び方(塩基配列)は生物によって決まっており、生物がもつさまざまな形質を現すための遺伝情報になっている。

体細胞分裂では、分裂前に母細胞がもつ DNA と同じものがもう 1 組合成される。これを DNA の複製という。細胞周期の間期の(b)期に DNA は合成され、その後(c)期に核分裂と細胞質分裂が起こる。(b)期と(c)期の間を(d)期といい、この時期の 1 細胞当たりの DNA 量は、細胞分裂を行っていない G_0 期の 1 細胞当たりの DNA 量の(e)倍になる。

DNA の塩基配列を RNA に写し取ることを(f)という。DNA との構造上の違いとして、RNA を構成する糖はリボースであり、また、RNA と DNA の塩基の種類を比べると、RNA では DNA のチミンの代わりにウラシルが含まれている。また、mRNA の塩基配列にもとづいてタンパク質が合成される過程を(g)という。

問1 文中の(a)～(g)に入る最も適切な語または数字を、次の①～⓪のうちからそれぞれ 1 つずつ選べ。

① S ② G_1 ③ G_2 ④ M ⑤ 翻訳 ⑥ 転写

⑦ 2 ⑧ 4 ⑨ ヌクレオチド ⓪ デオキシリボ核酸

問2 右図は真核細胞の細胞質でタンパク質合成が行われている状態を示す。(ア)と(イ)に入るアミノ酸はそれぞれ何か。下の遺伝暗号表を参考にして、次の①～⑧のうちからそれぞれ 1 つずつ選べ。なお、(ア)は tRNA に結合している。

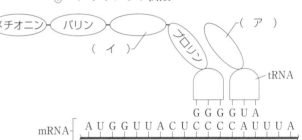

1番目の塩基	2番目の塩基				3番目の塩基
	U	C	A	G	
U	フェニルアラニン	セリン	チロシン	システイン	U
	フェニルアラニン	セリン	チロシン	システイン	C
	ロイシン	セリン	(終止)	(終止)	A
	ロイシン	セリン	(終止)	トリプトファン	G
C	ロイシン	プロリン	ヒスチジン	アルギニン	U
	ロイシン	プロリン	ヒスチジン	アルギニン	C
	ロイシン	プロリン	グルタミン	アルギニン	A
	ロイシン	プロリン	グルタミン	アルギニン	G
A	イソロイシン	トレオニン	アスパラギン	セリン	U
	イソロイシン	トレオニン	アスパラギン	セリン	C
	イソロイシン	トレオニン	リシン	アルギニン	A
	メチオニン(開始)	トレオニン	リシン	アルギニン	G
G	バリン	アラニン	アスパラギン酸	グリシン	U
	バリン	アラニン	アスパラギン酸	グリシン	C
	バリン	アラニン	グルタミン酸	グリシン	A
	バリン	アラニン	グルタミン酸	グリシン	G

① トレオニン ② システイン ③ ヒスチジン ④ アルギニン

⑤ メチオニン ⑥ プロリン ⑦ ロイシン ⑧ バリン (20. 大阪医科薬科大改題)

ヒント! 問2 (ア)のアミノ酸のコドン→プロリンのコドン→(イ)のアミノ酸のコドンと順に読み取る。

3 ヒトのからだの調節

1 体内環境の維持のしくみ

◆**自律神経系の構造と働き**　**自律神経系**は内臓や内分泌腺に分布し、間脳の(^{1}　　　　　)などが中枢であり、意思とは直接関係なく働く。自律神経には、活動状態で優位に働く(^{2}　　　　　)と、リラックスした状態で優位に働く(^{3}　　　　　)の２種類があり、互いに(^{4}　　　)的に働いている。自律神経による調節は、神経によって信号が直接器官に伝えられるため、**すばやく**反応が起こる。

支配器官	瞳孔	心臓（拍動）	気管支	胃（ぜん動）	ぼうこう（排尿）	立毛筋	皮膚の血管	汗腺（汗の分泌）
(^{2}　　　　)	拡大	(^{5}　　)	拡張	(^{7}　　)	抑制	収縮	収縮	促進
(^{3}　　　　)	縮小	(^{6}　　)	収縮	(^{8}　　)	促進	—	—	—

◆**ホルモンによる調節** ･･･

ホルモンは(^{9}　　)でつくられ、**微量で持続的**に働く。内分泌腺には外分泌腺のような(^{10}　　　)管はなく、ホルモンは(^{11}　　　)などの体液中に直接放出されるため、全身を循環し、(^{12}　　　)のみに作用する。標的器官には、特定のホルモンと結合する(^{13}　　　)をもつ標的細胞がある。ホルモン分泌の調節には、間脳の(^{14}　　　)や(^{15}

内分泌腺名		ホルモン名	働き
(^{18}　　　　)	(^{19}　　　)	成長ホルモン	タンパク質の合成促進
		甲状腺刺激ホルモン	(^{20}　　　　)の分泌促進
		(^{21}　　　　)	糖質コルチコイドの分泌促進
	後葉	バソプレシン	集合管での水の再吸収促進
甲状腺		(^{20}　　　　)	(^{22}　　　)促進
副甲状腺		パラトルモン	血液中のCa^{2+}濃度の上昇
すい臓の (^{23}　　　)	A細胞	(^{24}　　　　)	血糖濃度の(^{25}　　　)
	B細胞	(^{26}　　　　)	血糖濃度の(^{27}　　　)
(^{28}　　　)	皮質	鉱質コルチコイド	血液中の無機塩類の調節
		(^{29}　　　　)	血糖濃度の上昇
	(^{30}　　　)	(^{31}　　　　)	血糖濃度の上昇など

　　　　　)前葉が重要な働きをしている。ホルモンの分泌量は、結果が原因にさかのぼって作用する(^{16}　　　　)というしくみによって調節されている。神経細胞からホルモンが分泌される場合もあり、このような神経細胞を(^{17}　　　　)という。

◆**血糖濃度の調節**　ヒトの血液中に含まれるグルコースは(^{32}　　　)と呼ばれ、その量は空腹時で血液100mL 当たり約(^{33}　　　)mg（(^{34}　　)％）である。血糖濃度は、自律神経系とホルモンの働きによって、ほぼ一定に保たれる。

低い血糖濃度の血液　　　　　　　　　　　高い血糖濃度の血液

間脳の視床下部

交感神経　　　　　　　　　　　　　副交感神経

脳下垂体前葉

副腎　　　　　　　　　　　　すい臓のランゲルハンス島

皮　質　　　髄　質　　　A細胞　　　B細胞

(^{35}　　　)　(^{36}　　　)　(^{37}　　　)　(^{38}　　　)

タンパク質 → グルコース ← グリコーゲン ← グルコース → 細胞への吸収、分解

血糖濃度上昇　　　　　　　　血糖濃度低下

◆**体温の調節**　恒温動物では、**間脳の視床下部**が中枢となって、自律神経系やホルモンの働きによって体温が調節されている。体温が低下した場合、発熱量が(^{39}　　　)し放熱量が(^{40}　　　)する。体温が上昇した場合、発熱量が(^{41}　　　)し放熱量が(^{42}　　　)する。

◆**哺乳類にみられる体液の濃度調節**　腎臓では、腎動脈から送り込まれた血液のうち、タンパク質を除く血しょう成分のほとんどが、(^{43}　　　　　　　）から(^{44}　　　　　　　　）へろ過され、**原尿**となる。原尿は(^{45}　　　　　）に送られ、ここでグルコース、無機塩類、水分などが毛細血管に再吸収される。

(^{45}　　　　　）を通った原尿は(^{46}　　　　　　）へ送られ、ここでさらに水分が再吸収されて、尿となる。再吸収されにくい(^{47}　　　　　）などの老廃物は濃縮され、尿の成分となって体外に排出される。

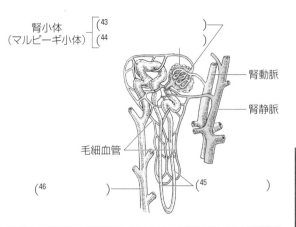

腎小体（マルピーギ小体）$\left[\begin{array}{l}(^{43}　　）\\(^{44}　　）\end{array}\right.$

腎動脈

腎静脈

毛細血管

(^{46}　　　）　　　　　　　　　（^{45}　　　　　）

2 生体防御

リンパ球などによって自己の成分と異物とを区別して排除し、体内環境を維持するしくみを**免疫**という。

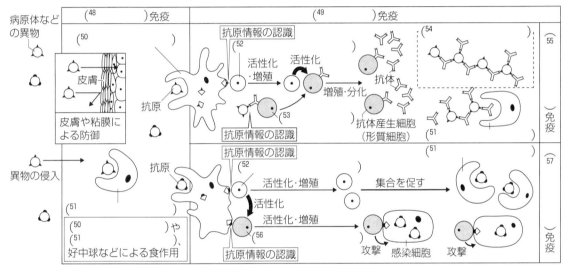

◆**免疫記憶**　1回排除された抗原が再び体内に侵入したとき、急速で強い免疫反応が起こる。このような免疫反応を、(^{58}　　　　　　）という。

◆**免疫に関する疾患**　免疫反応が過敏に起こることによって生じる生体に不都合な反応を(^{59}　　　　　　）という。また、HIV（ヒト免疫不全ウイルス）がヘルパーT細胞に感染してこれを破壊することによって、獲得免疫が機能しなくなりさまざまな疾患が生じる病気は、(^{60}　　　　　）と呼ばれる。

◆**免疫と医療**　毒性を弱めた病原体や無毒化した毒素をあらかじめ接種して病気を予防する方法を**予防接種**という。このとき用いる抗原を、特に(^{61}　　　　　　）と呼ぶ。また、病原体などに対する抗体をウマなどの動物につくらせて、その抗体を含む血清を注射する治療方法を、(^{62}　　　　　　　）と呼ぶ。

解答

1－視床下部　2－交感神経　3－副交感神経　4－拮抗（きっ抗）　5－促進　6－抑制　7－抑制　8－促進　9－内分泌腺　10－排出　11－血液　12－標的器官　13－受容体　14－視床下部　15－脳下垂体　16－フィードバック　17－神経分泌細胞　18－脳下垂体　19－前葉　20－チロキシン　21－副腎皮質刺激ホルモン　22－代謝　23－ランゲルハンス島　24－グルカゴン　25－上昇　26－インスリン　27－低下　28－副腎　29－糖質コルチコイド　30－髄質　31－アドレナリン　32－血糖　33－100　34－0.1　35－糖質コルチコイド　36－アドレナリン　37－グルカゴン　38－インスリン　39－増加　40－減少　41－減少　42－増加　43－糸球体　44－ボーマンのう　45－腎細管（細尿管）　46－集合管　47－尿素　48－自然　49－獲得（適応）　50－樹状細胞　51－マクロファージ　52－ヘルパーT細胞　53－B細胞　54－抗原抗体反応　55－体液性　56－キラーT細胞　57－細胞性　58－二次応答　59－アレルギー　60－エイズ　61－ワクチン　62－血清療法

必修問題

32 ☆ **心臓の拍動調節** 〔5分〕 文中の空欄（ 1 ）～（ 6 ）に当てはまる語として、最も適当なものを次の①～⑨のうちから1つずつ選べ。

ヒトの心臓の拍動リズムは、心臓の（ 1 ）にある（ 2 ）によって制御されている。血液中の（ 3 ）濃度の上昇は（ 4 ）で感知され、心臓拍動中枢から（ 5 ）を介して、（ 2 ）に拍動の促進が伝えられる。さらに、（ 5 ）の活動によって体表の血管が収縮するので、血圧が上がり、筋肉への血液の供給が促進される。一方、（ 6 ）は心臓の拍動を抑制し、血管を拡張させるなど、（ 5 ）とは逆の作用を及ぼす。

一般的に、からだが目覚めて活動しているときには（ 5 ）の活動が活発になり、休息しているときには（ 6 ）の活動が高まる。

① 交感神経　　② 副交感神経　　③ 酸素　　④ 二酸化炭素　　⑤ 視床下部
⑥ 延髄　　⑦ 右心房　　⑧ 左心房　　⑨ ペースメーカー　　(13. 群馬大改題)

33 ☆ **生物の体内環境の維持** 〔4分〕 次の文章を読み、以下の各問いに答えよ。

ヒトのからだを取り巻く外部環境は常に変化しているが、生体内部の細胞を取り巻く a 体内環境（内部環境）は安定に保たれている。体内環境は、免疫系、自律神経系、および b 内分泌系により調節されている。

問1 下線部 a に関連して、健康なヒトにおける赤血球数、血しょう塩分濃度、および血糖濃度の値の組み合わせとして最も適当なものを、次の①～⑧のうちから1つ選べ。

	赤血球数（個／mm³）	血しょう塩分濃度（％）	血糖濃度（％）		赤血球数（個／mm³）	血しょう塩分濃度（％）	血糖濃度（％）
①	50万	0.9	0.01	②	50万	0.9	0.1
③	50万	9.0	0.01	④	50万	9.0	0.1
⑤	500万	0.9	0.01	⑥	500万	0.9	0.1
⑦	500万	9.0	0.01	⑧	500万	9.0	0.1

問2 下線部 b に関連して、血しょう塩分濃度の調節に関わるホルモンの腎臓における働きと、下図において、そのホルモンを分泌する内分泌腺の位置との組み合わせとして適当なものを、次の①～⑧のうちから2つ選べ。

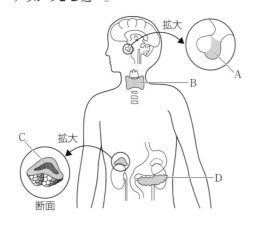

	腎臓におけるホルモンの働き	内分泌腺
①	水の再吸収を促進	A
②	水の再吸収を促進	B
③	Na^+ の再吸収を促進	C
④	Na^+ の再吸収を促進	D
⑤	水の再吸収を抑制	A
⑥	水の再吸収を抑制	B
⑦	Na^+ の再吸収を抑制	C
⑧	Na^+ の再吸収を抑制	D

(16. センター追試〔生物基礎〕)

34 ☆☆ **体内環境の調節** 5分 ヒトのからだでは、各々の器官は他の器官の調節を受け、適切に働いている。次の文中の ア ～ ウ に入る語句の組み合わせとして最も適当なものを、次の①～⑥のうちから1つ選べ。

ア は、 イ が増加すると、 ウ される。

	ア	イ	ウ
①	すい臓からのインスリンの分泌	交感神経の活動	促進
②	肝臓でのグルコースの分解	副腎皮質からの糖質コルチコイドの分泌	促進
③	肝臓でのグリコーゲンの合成	すい臓からのグルカゴンの分泌	促進
④	脳下垂体前葉からの甲状腺刺激ホルモンの分泌	甲状腺からのチロキシンの分泌	抑制
⑤	心臓の拍動	副腎髄質からのアドレナリンの分泌	抑制
⑥	胃の運動	副交感神経の活動	抑制

(16. センター本試〔生物基礎〕)

35 ☆☆☆ **フィードバック** 6分 体内環境の調節について、以下の各問いに答えよ。

下図は、ヒトのチロキシンの分泌調節についての模式図である。図中の器官Xと器官Yは内分泌腺で、A、Bはホルモンである。また、破線は分泌抑制の働きを示す。

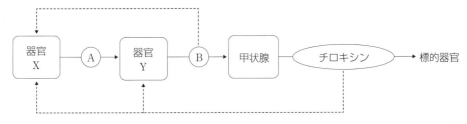

問1 図中のホルモンA、Bと器官X、Yの組み合わせとして、最も適当なものを次の①～④のうちから1つ選べ。

	ホルモンA	ホルモンB	器官X	器官Y
①	放出ホルモン	甲状腺刺激ホルモン	間脳の視床下部	脳下垂体後葉
②	放出ホルモン	甲状腺刺激ホルモン	間脳の視床下部	脳下垂体前葉
③	抑制(放出抑制)ホルモン	成長ホルモン	脳下垂体前葉	間脳の視床下部
④	抑制(放出抑制)ホルモン	甲状腺刺激ホルモン	間脳の視床下部	脳下垂体前葉

問2 図中の破線のようなしくみを何というか。最も適当なものを次の①～⑥のうちから1つ選べ。

① 神経分泌 　② 外分泌 　③ 内分泌 　④ 過剰分泌

⑤ 正のフィードバック 　⑥ 負のフィードバック

問3 何らかの異常によってホルモンBが分泌されなくなったとき、ホルモンAとチロキシンの分泌量はそれぞれどのように変化するものと考えられるか。最も適当な組み合わせを次の①～⑤のうちから1つ選べ。

	ホルモンA	チロキシン		ホルモンA	チロキシン
①	増加	増加	②	増加	減少
③	減少	増加	④	減少	減少
⑤	不変	不変			

(13. 兵庫医療大改題)

血糖濃度調節 5分 下図は血糖濃度の調節機構を示したものである。以下の各問いに答えよ。

問1 図中のア〜ケに当てはまる語を、次の①〜⓪のうちから1つずつ選べ。

① 成長ホルモン
② グルカゴン
③ インスリン
④ 糖質コルチコイド
⑤ アドレナリン
⑥ 間脳の視床下部
⑦ 脳下垂体前葉
⑧ 副腎皮質刺激ホルモン
⑨ 交感神経
⓪ 副交感神経

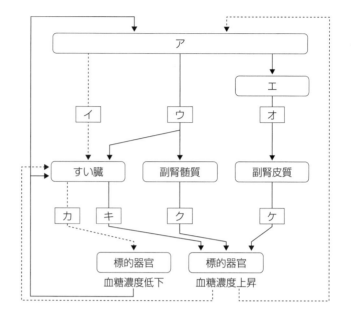

問2 糖尿病になると血糖濃度を正常に調節することが困難になる。その原因として考えられるものを、次の①〜⑥のうちから**3つ**選べ。

① 血液中のインスリン濃度が不足する。
② 血液中のアドレナリン濃度が不足する。
③ 肝臓や筋組織でグリコーゲンを合成する能力が低下する。
④ 肝臓や筋組織でグリコーゲンを分解する能力が低下する。
⑤ 肝臓や筋組織のインスリンに対する感受性が低下する。
⑥ 肝臓や筋組織のアドレナリンに対する感受性が低下する。

37 **体温調節** 5分 文中の空欄（　ア　）〜（　ク　）に当てはまる語として、最も適当なものを次の①〜ⓑのうちから1つずつ選べ。

　寒冷時において、皮膚や血液の温度が低下すると、この情報が（　ア　）にある体温調節中枢で感知される。（　ア　）からの指令は、（　イ　）神経を介して皮膚の血管を（　ウ　）させ、その結果として放熱量が（　エ　）する。また、（　イ　）神経の興奮によって、副腎髄質から（　オ　）が放出され、発熱量が（　カ　）する。さらに、（　ア　）からの指令によって、副腎皮質から（　キ　）が、甲状腺からは（　ク　）が分泌され、代謝が促進される。

① 増加　　② 減少　　③ 視床　　④ 視床下部　　⑤ 弛緩　　⑥ 収縮
⑦ アドレナリン　　⑧ インスリン　　⑨ チロキシン　　⓪ 糖質コルチコイド
ⓐ 交感　　ⓑ 副交感

(13. 鹿児島大改題)

38 腎臓の構造と働き （5分） 次の文章を読み、以下の各問いに答えよ。

ヒトの腎臓は腹腔背側に存在する左右1対の器官で、老廃物や水分の排出を調節することによって、体液の濃度を一定に保つ役割を果たしている。腎臓には、血液の成分のろ過と再吸収を行って尿を生成する機能単位となる構造があり、　A　と呼ばれる。水、無機塩類などの再吸収率はホルモンによって調整されている。

問1 文中の　A　に当てはまる語として、最も適当なものを次の①～④のうちから1つ選べ。

① 腎小体　　② 腎単位　　③ ボーマンのう　　④ 腎細管

問2 文中の　A　を構成しているものは右図のア～カのどれか。最も適当なものを次の①～⑥のうちから3つ選べ。

① ア　　　② イ　　　③ ウ

④ エ　　　⑤ オ　　　⑥ カ

問3 文中の下線部について、**誤っているもの**を次の①～⑤のうちから2つ選べ。

① 体液の塩類濃度の上昇は、間脳の視床下部で感知される。

② Na^+の再吸収は、糖質コルチコイドの作用で促進される。

③ バソプレシンは水の再吸収を促進し、尿量を減少させる。

④ 鉱質コルチコイドは副腎皮質から分泌される。

⑤ バソプレシンは脳下垂体前葉から分泌される。

（05. 東京医科大改題）

39 腎臓による濃度調節 （6分） 表は、健康なヒトの血しょう、原尿、尿中の成分を示したものである。以下の各問いに答えよ。

問1 表の(1)～(3)は有機成分である。(1)、(2)に当てはまるものを次の①～⑤のうちから1つずつ選べ。

① アミノ酸　　　② 尿酸

③ 尿素　　　　　④ グルコース

⑤ タンパク質

問2 表の(4)は無機成分である。(4)に当てはまるものを次の①～④のうちから1つ選べ。

① Na^+　　② Cl^-

③ Cu^{2+}　　④ Ca^{2+}

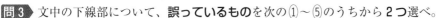

表　健康なヒトの血しょう、原尿、尿中の成分の値（mg/100mL）

成分	血しょう	原尿	尿
(1)	8000	0	0
(2)	100	100	0
(3)	30	30	2000
クレアチニン	1	1	75
(4)	320	320	350
カリウム	20	20	150

問3 表の成分のなかで濃縮率が最も高いものは何か。最も適当なものを次の①～⑤のうちから1つ選べ。

① (1)　　② (2)　　③ (3)　　④ クレアチニン　　⑤ (4)

問4 尿が1.3 L／日、原尿が170 L／日生成されるとき、表の(3)の再吸収量は1日に何グラムか。次の①～⑥のうちから1つ選べ。

① 15　　② 20　　③ 25　　④ 30　　⑤ 35　　⑥ 40

（05. 東京医科大）

40 生体防御　3分　文中の空欄に当てはまる語を、次の①〜⑨のうちから1つずつ選べ。

　ヒトの皮膚や粘膜には、異物の侵入を阻止する働きがある。皮膚の表面は死細胞からなるため、ウイルスは体表から侵入できない。汗や皮脂は（　1　）性で、微生物の繁殖を妨げる効果をもつ。体内に侵入した病原体などの異物の多くは、マクロファージや樹状細胞、好中球などの（　2　）という働きによって、ただちに排除される。このような免疫は（　3　）と呼ばれる。一方、侵入した異物の情報を（　4　）が認識し、その情報にもとづいて特定の異物を排除するしくみを（　5　）という。

① 酸　　　　　　② アルカリ　　　　③ アミラーゼ　　　④ 自然免疫　　　　⑤ 獲得免疫
⑥ 食作用　　　　⑦ 免疫寛容　　　　⑧ リンパ球　　　　⑨ 赤血球

41 病原体を排除するしくみ　5分　生体防御に関する次の文章を読み、以下の各問いに答えよ。

　ヒトのからだは、体内への異物の侵入を防ぐ物理・化学的防御、侵入した異物を非特異的に除去する自然免疫、異物に対して特異的に作用する獲得免疫（適応免疫）によって守られている。物理・化学的防御では、繊毛運動やくしゃみによる異物の排除のほか、汗などに含まれる酵素である（　ア　）が細菌の細胞壁を分解する反応などが行われる。自然免疫では、病原体などの異物を食細胞が取り込み、分解して除去する。食細胞のなかでも（　イ　）は取り込んだ異物を分解してリンパ球に提示し、獲得免疫を開始させる役割をもつ。獲得免疫は、病原体に感染した細胞や異物をT細胞が直接攻撃する細胞性免疫や、B細胞から分化した（　ウ　）が抗体をつくって異物を排除する体液性免疫がある。

問1 文中の（　ア　）〜（　ウ　）に当てはまる語として最も適当なものを、次の①〜⑥のうちからそれぞれ1つずつ選べ。

① ディフェンシン　　　② NK細胞　　　　　③ 抗体産生細胞（形質細胞）
④ 樹状細胞　　　　　　⑤ リゾチーム　　　　⑥ マスト細胞

問2 獲得免疫について説明した記述として最も適当なものはどれか。次の①〜⑤のうちから1つ選べ。

① 感染細胞が細胞表面に提示する抗原情報をキラーT細胞が認識して、感染細胞を除去する。
② 体液性免疫では二次応答が起きるが、細胞性免疫では二次応答が起きない。
③ T細胞は胸腺の造血幹細胞から分化した細胞であり、B細胞は骨髄の造血幹細胞から分化した細胞である。
④ ヘルパーT細胞の一部は記憶細胞となるが、B細胞は記憶細胞にはならない。
⑤ 免疫記憶により自己の成分に対して獲得免疫が働かなくなる。

(22. 獨協医科大改題)

42 獲得免疫　3分　次の文章を読み、以下の各問いに答えよ。

　ヒトには病原体からからだを守るしくみがあり、これを免疫という。白血球は、体内に侵入した細菌を取り込んで排除する。また、異物を抗原として認識して抗体をつくり、ア抗体が特定の抗原と結合することで病原体を無毒化する。イウイルスに感染した細胞などを攻撃して排除するしくみもある。

　免疫はからだを守るしくみであるが、ウ過剰に働くことで生体に不利な反応を起こすことがある。

問1 下線部アに関して、この反応を何というか。次の①〜④のうちから1つ選べ。

① 抗原認識反応　　　② 抗体結合反応　　　③ 抗原抗体反応　　　④ 抗体産生反応

問2 下線部イに関して、このしくみを何というか。次の①〜⑤のうちから1つ選べ。

① 体液性免疫　　② 細胞性免疫　　③ 抗原抗体免疫　　④ リンパ性免疫　　⑤ 血液性免疫

問3 下線部ウに関して、この反応を何というか。次の①〜④のうちから1つ選べ。

① アレルギー　　② エネルギー　　③ アナジー　　④ メモリー

(13. 高崎健康福祉大改題)

43 ☆☆ **抗体産生のしくみ** **5分** 抗体の産生に関する次の文章を読み、以下の各問いに答えよ。

右図は、ヒトの抗体産生のしくみについて模式的に表したものである。抗原が体内に入ると、細胞 x が抗原を取り込んで、抗原情報を細胞 y に伝える。それを受けて、細胞 y は細胞 z を活性化し、抗体産生細胞へと分化させる。このような免疫応答は健康を保つために不可欠な反応であるが、時として過剰な応答が起こる場合や、逆に必要な応答が起こらない場合がある。免疫機能の異常に関連した疾患の例として、アレルギーや後天性免疫不全症候群(エイズ)がある。

抗原の取り込み
細胞 x　情報
細胞 y　活性化
細胞 z　抗体の産生

問 1 次の記述ア～エのうち、正しい記述を過不足なく含むものを、次の①～⑨のうちから 1 つ選べ。

ア　細胞 x、y および z は、いずれもリンパ球である。
イ　細胞 x はフィブリンを分泌し、傷口をふさぐ。
ウ　細胞 y は体液性免疫に関わるが、細胞性免疫には関わらない。
エ　細胞 z は B 細胞であり、免疫グロブリンを産生するようになる。

① ア　　　② イ　　　③ ウ　　　④ エ
⑤ ア、ウ　⑥ ア、エ　⑦ イ、ウ　⑧ イ、エ　⑨ ウ、エ

問 2 下線部に関する記述として**誤っているもの**を、次の①～⑤のうちから 1 つ選べ。

① アレルギーの例として、花粉症がある。
② ハチ毒などが原因で起こる急性のショックは、アレルギーの一種である。
③ 栄養素を豊富に含む食物でも、アレルギーを引き起こす場合がある。
④ エイズのウイルスは、B 細胞に感染することによって免疫機能を低下させる。
⑤ エイズの患者は、日和見感染を起こしやすくなる。

(15. センター本試〔生物基礎〕改題)

44 ☆☆ **ABO 式血液型** **6分** 次の文章を読み、以下の各問いに答えよ。

ABO 式血液型は、血液中の有形成分である(ア)の表面にある凝集原と呼ばれる抗原と、血しょう中に存在し、その抗原に反応する凝集素と呼ばれる抗体との抗原抗体反応によって、4 つの型に分けられる。凝集原には凝集原 A と凝集原 B、凝集素には凝集素 α と凝集素 β のそれぞれ 2 種類があり、凝集素 α は凝集原 A と、凝集素 β は凝集原 B と反応して、(ア)の凝集を引き起こす。たとえば、(イ)型と(ウ)型の血液に A 型から得た血清を加えると凝集反応が起こり、(エ)型から得た血清は(エ)型以外のすべての血液と凝集反応が起こる。また、(イ)型から得た血清は、どの血液型の血液とも凝集反応が起こらない。

問 1 文中の(ア)に当てはまるものを次の①～③のうちから 1 つ選べ。

① 赤血球　　　② 白血球　　　③ 血小板

問 2 文中の(イ)～(エ)に当てはまるものを次の①～④のうちから 1 つずつ選べ。

① A　　　② B　　　③ O　　　④ AB

問 3 120 人から採取した血液を調べたところ、30 人から得た血液は A 型から得た血清に、54 人から得た血液は B 型から得た血清に、それぞれ反応し凝集が起こった。また、(エ)型の人数は(イ)型の人数の 7 倍であった。A 型と O 型の人数を次の①～⑨のうちから 1 つずつ選べ。

① 6 人　　② 12 人　　③ 18 人　　④ 24 人　　⑤ 30 人
⑥ 36 人　　⑦ 42 人　　⑧ 48 人　　⑨ 49 人

(13. 日本大改題)

実践例題 ④ ホルモンの分泌

　内分泌腺で合成され、血液中に分泌されて標的器官に特定の作用をもたらす物質をホルモンという。食物が十二指腸に入ったときにすい液が分泌されるしくみを調べるため、次のような実験を行った。

　絶食させたある哺乳類の十二指腸にうすい塩酸を注入すると、すい液の分泌がみられた。一方、十二指腸に水や食塩水を注入すると、すい液の分泌がみられなかった。次に、十二指腸につながるすべての神経を切断して、うすい塩酸を十二指腸に注入すると、すい液の分泌がみられた。そこで、十二指腸から出る血液が体循環に入らないようにして、うすい塩酸を十二指腸に注入すると、すい液の分泌が（　ア　）。次に、十二指腸の内壁を取り出し、塩酸を加えてしばらくしてからすりつぶした。そのしぼり汁を採取し、すい臓につながる血管に注入すると、すい液の分泌がみられた。そこで、このしぼり汁を上肢の静脈に注入すると、すい液の分泌が（　イ　）。これらの結果から、すい液はホルモンの刺激によって分泌されることがわかった。

問1　文中の下線部の内容から推測して、すい液を分泌させるのに必要な刺激として最も適当なものを、次の①～⑥のうちから1つ選べ。
　①　食物に含まれる炭水化物が十二指腸に入ること。
　②　食物に含まれるタンパク質が十二指腸に入ること。
　③　胃液に含まれる成分が十二指腸に入ること。
　④　胆汁が十二指腸に放出されること。
　⑤　グルカゴンが十二指腸に作用すること。
　⑥　副交感神経が十二指腸に作用すること。

問2　文中の空欄（　ア　）・（　イ　）に入る語句の組み合わせとして最も適当なものを、次の①～④のうちから1つ選べ。

	ア	イ
①	みられた	時間をおいたのちにみられた
②	みられた	時間をおいてもみられなかった
③	みられなかった	時間をおいたのちにみられた
④	みられなかった	時間をおいてもみられなかった

問3　すい臓からは、すい液のほかにインスリンなどのホルモンも分泌される。インスリンに関する次の文中の空欄（　ウ　）・（　エ　）に入る語の組み合わせとして最も適当なものを、次の①～④のうちから1つ選べ。
　　インスリンの分泌は（　ウ　）からの刺激によって促進され、細胞においては、（　エ　）の取り込みと分解を促進する。

	ウ	エ
①	副交感神経	グリコーゲン
②	副交感神経	グルコース
③	刺激ホルモン	グリコーゲン
④	刺激ホルモン	グルコース

（22. 佛教大改題）

解答

問1 ③

問2 ③

問3 ②

解法

問1 下線部から、十二指腸が塩酸によって刺激されることで、すい液が分泌されるとわかる。胃液には塩酸が含まれており、酸性である。この塩酸を含む胃液が十二指腸に流れ込み、十二指腸が刺激されてすい液が分泌される反応が促進されると考えられる。

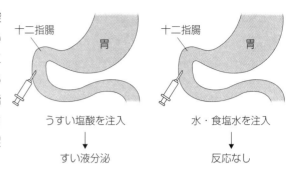

うすい塩酸を注入 → すい液分泌

水・食塩水を注入 → 反応なし

問2 問題文の最後に「これらの結果から、すい液はホルモンの刺激によって分泌されることがわかった。」とあり、この記述にあう実験結果を選べばよい。なお、実際に十二指腸は、塩酸の刺激によりセクレチンと呼ばれるホルモンを血液中に分泌する。セクレチンはすい臓に作用し、すい液の分泌を促進する。

右図のように、神経を切断した十二指腸に塩酸を加えてもすい液が分泌されたことから、すい液分泌に神経は関わっていないと判断できる。一方、血液が体循環に入らないようにした十二指腸では、十二指腸から分泌されたホルモンがすい臓へ達することができず、すい液は分泌されないと考えられる。

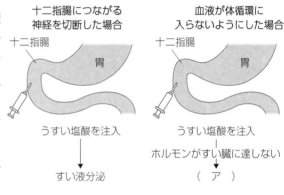

十二指腸につながる神経を切断した場合

うすい塩酸を注入 → すい液分泌

血液が体循環に入らないようにした場合

うすい塩酸を注入
ホルモンがすい臓に達しない → （ ア ）

また、右図のように、十二指腸の内壁をすりつぶし、そのしぼり汁をすい臓につながる血管に注入するとすい液が分泌されたことから、しぼり汁にはすい液分泌のためのホルモンが含まれていると判断できる。一方、しぼり汁を上肢の静脈に注入すると、ホルモンが血液によって運搬され、やがてすい臓へ到達するため、時間をおいたのちにすい液の分泌がみられると考えられる。

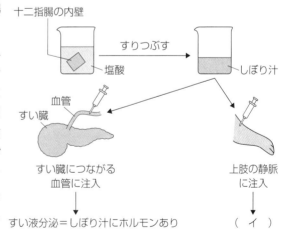

十二指腸の内壁

塩酸 → すりつぶす → しぼり汁

すい臓 血管

すい臓につながる血管に注入 → すい液分泌＝しぼり汁にホルモンあり

上肢の静脈に注入 → （ イ ）

問3 インスリンの分泌は、ランゲルハンス島B細胞が直接血糖濃度の上昇を感知することによって起こる。また、インスリンの分泌には、副交感神経も関わっている。食後、血糖濃度の上昇を視床下部が感知し、副交感神経を通じてすい臓のランゲルハンス島B細胞に情報を伝えることで、インスリンの分泌が促進される。インスリンは体細胞内へのグルコースの輸送を促進し、肝細胞と筋細胞がグルコースをグリコーゲンとして貯蔵するよう作用する。結果として、血糖濃度は下がる。

次の文章を読み、以下の各問いに答えよ。

ヒトの体内に侵入した病原体は、ア自然免疫の細胞と獲得免疫（適応免疫）の細胞が協調して働くことによって、排除される。自然免疫には、イ食作用を起こすしくみもあり、獲得免疫には、ウ一度感染した病原体の情報を記憶するしくみもある。

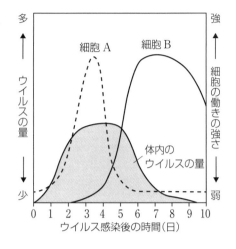

問1 下線部アに関連して、右図はウイルスが初めて体内に侵入してから排除されるまでのウイルスの量と、2種類の細胞の働きの強さの変化を表している。ウイルス感染細胞を直接攻撃する図中の細胞Aと細胞Bのそれぞれに当てはまる細胞の組み合わせとして最も適当なものを、下の①〜⑧のうちから1つ選べ。

	細胞A	細胞B		細胞A	細胞B
①	キラーT細胞	マクロファージ	⑤	マクロファージ	キラーT細胞
②	キラーT細胞	ナチュラルキラー細胞	⑥	マクロファージ	ヘルパーT細胞
③	ヘルパーT細胞	マクロファージ	⑦	ナチュラルキラー細胞	キラーT細胞
④	ヘルパーT細胞	ナチュラルキラー細胞	⑧	ナチュラルキラー細胞	ヘルパーT細胞

問2 下線部イに関連して、次のC〜Eのうち、食作用をもつ白血球を過不足なく含むものを、下の①〜⑦のうちから1つ選べ。

C　好中球　　D　樹状細胞　　E　リンパ球

① C　② D　③ E　④ C、D　⑤ C、E　⑥ D、E　⑦ C、D、E

問3 下線部ウに関連して、以前に抗原を注射されたことがないマウスを用いて、抗原を注射した後、その抗原に対応する抗体の血液中の濃度を調べる実験を行った。1回目に抗原Aを、2回目に抗原Aと抗原Bとを注射したときの、各抗原に対する抗体の濃度の変化を表した図として最も適当なものを、次の①〜④のうちから1つ選べ。

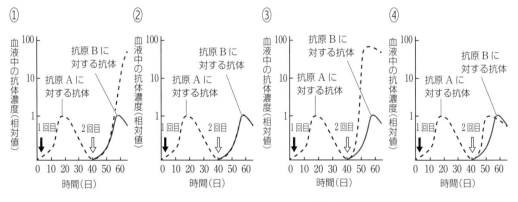

(21. 大学入学共通テスト第1日程〔生物基礎〕)

解法

問1 　細胞Ａと細胞Ｂはどちらともウイルス感染細胞を直接攻撃する細胞である。感染細胞を直接攻撃する細胞には、自然免疫で働くナチュラルキラー細胞と、獲得免疫で働くキラーＴ細胞がある。図より、細胞Ａは体内のウイルス量が増加する感染初期に強く働き、細胞Ｂは細胞Ａよりも遅れて働くことがわかる。ある特定の病原体を認識するキラーＴ細胞は、感染当初は、キラーＴ細胞全体の中ではごくわずかしか存在しない。このため、特定のキラーＴ細胞が効果を現すには、増殖するための時間が必要となる。したがって、感染初期に働く細胞Ａがナチュラルキラー細胞、遅れて働く細胞ＢがキラーＴ細胞であることがわかる。

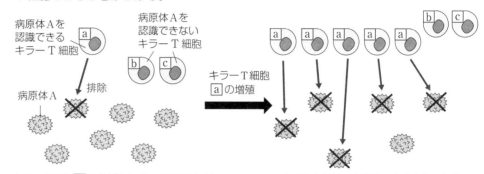

問2 　選択肢のうち、食作用がみられる細胞は樹状細胞、好中球であり、これらは自然免疫で働く。食作用がみられる白血球には、ほかにマクロファージがある。なお、リンパ球にはキラーＴ細胞、ヘルパーＴ細胞、Ｂ細胞、ナチュラルキラー細胞などがあるが、いずれも食作用はみられない。

問3 　１回目に抗原Ａが注射された際、マウスの体内で一次応答が起こる。このとき、抗原Ａを認識して活性化されたＴ細胞やＢ細胞の一部は、記憶細胞として長期間体内に残る。したがって、２回目の注射の際、抗原Ａに対しては記憶細胞が短時間かつ強い免疫反応を起こす。このような免疫反応を二次応答という。一方、抗原Ｂに対しては、一次応答が起こる。

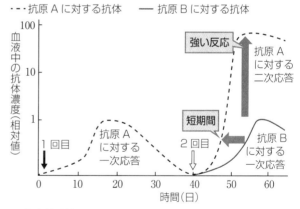

　①は、２回目の注射の際、抗原Ａに対する抗体が多量に産生されているが、抗体産生の速さが一次応答と同程度のため、誤り。

　②は、２回目の注射の際、抗原Ａに対する抗体が、一次応答と同程度しか産生されていないため誤り。

　④は、２回目の注射の際、抗原Ａに対する抗体が一次応答と比べ短期間で産生されているが、抗体の量が一次応答と同程度のため、誤り。

実践問題

☑ **45** [探究] ☆☆☆
神経系とホルモン （8分） 動物の調節に関する次の文章を読み、以下の各問いに答えよ。

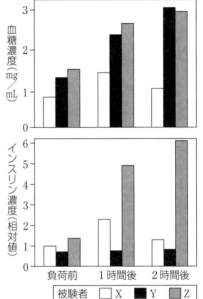

グルコースは、私たちのからだを構成する細胞にとって重要なエネルギー源であり、血液によってすべての細胞に常に供給されている。この供給が滞ると、生命の維持に重大な問題が生じる。たとえば、脳はグルコースが供給されなくなると数分で活動をやめてしまう。そこで、安定した細胞活動を保証するため、私たちのからだには、ア血糖濃度（血液中のグルコース濃度）を一定に保つ血糖調節のしくみが備わっている。

糖尿病は、この血糖調節がうまくいかなくなり、尿中にグルコースが排出される病気である。糖尿病の診断と治療方針を決めるため、空腹時に75gのグルコースを飲み、その前後で血糖濃度や血液中のインスリン濃度などを調べる検査がある。これを糖負荷試験という。右図は、3人の被験者（X、Y、Z）の負荷試験の結果を示したものである。

問1 下線部アに関して、低血糖時に働く調節の反応経路として最も適当なものを次の①〜④のうちから1つ選べ。

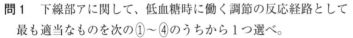

① 間脳 → 脳下垂体 → 副腎 → 糖質コルチコイド
② 間脳 → 副交感神経 → すい臓 → アドレナリン
③ 脊髄 → 交感神経 → 副腎 → グルカゴン
④ 脊髄 → 副交感神経 → すい臓 → インスリン

問2 図から、糖尿病、またはその疑いがあると診断された被験者（ イ ）、および、インスリンを注射することによって糖尿病の症状を軽減できる可能性があると診断された被験者（ ウ ）として、最も適当なものを次の①〜⑦のうちからそれぞれ1つずつ選べ。

① X ② Y ③ Z ④ X、Y ⑤ X、Z ⑥ Y、Z ⑦ X、Y、Z

問3 3人の被験者（X、Y、Z）の血糖調節やグルコース代謝に関する記述として最も適当なものを、次の①〜⑦のうちからそれぞれ1つずつ選べ。

① 細胞活動に必要なエネルギーは細胞内に十分蓄積されており、細胞は血液中のグルコースを必要としない。
② すい臓からのインスリン分泌が低下して、細胞が血液中のグルコースを十分利用できない状態にある。
③ インスリンの作用を受ける細胞がインスリンに反応できない。
④ 腎小体でつくられる原尿中にグルコースがこし出されない。
⑤ 尿中にグルコースが排出されるため腎静脈から心臓に流れる血液中にはグルコースが含まれない。
⑥ 自律神経系やホルモンが適切に働くため、食事の後に一時的に血糖濃度が上昇しても、やがて元に戻る。
⑦ 肝臓や筋肉では、常にグリコーゲンの蓄積が活発に行われている。

(05. センター追試〔IA〕)

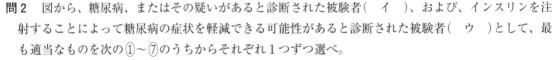

ヒント！ **問3** 高血糖時に血糖濃度が低下するためには、インスリンが分泌され、標的細胞が反応することが必要である。

46 探究 ☆☆☆ ホルモンの分泌調節 7分

ホルモンの分泌調節に関する次の文章を読み、以下の各問いに答えよ。

脳下垂体前葉は、副腎皮質刺激ホルモン(ACTH)、成長ホルモン(GH)、甲状腺刺激ホルモンなどのホルモンを合成・分泌する。ヒトの未分化な細胞を試験管内で培養し、脳下垂体を合成した。その結果、脳下垂体内に細胞Pと細胞Qが分化した。細胞Pと細胞Qを用いて次の**実験1~実験4**を行った。

実験1 細胞Pを単独で培養して、分泌されたACTHの濃度(pg/mL；pgはピコグラム)を測定した(図1横軸－)。また、細胞PにCRH(副腎皮質刺激ホルモン放出ホルモン)、GHRH(成長ホルモン放出ホルモン)、TRH(甲状腺刺激ホルモン放出ホルモン)をそれぞれ1種類ずつ添加して培養し、分泌したACTHの濃度を測定した(図1横軸CRH、GHRH、TRH)。

実験2 前処理として細胞Pの培養液に糖質コルチコイドを加えて3時間培養した。次に、CRHを添加して培養し、分泌したACTHの濃度を測定した(図2横軸＋)。図2横軸の－は前処理をせずにCRHを添加した結果を示す。

実験3 細胞Qの培養液にGHRHを添加して培養し、分泌したGHの濃度を測定した(図3横軸＋)。また、図3の横軸の－はGHRHを添加しなかった結果を示す。

実験4 細胞Qの培養液に視床下部から分泌されるホルモンXを加えて前処理した。次に、GHRHを添加して培養し、分泌したGHの濃度を測定した(図4横軸＋)。また、図4の横軸の－は前処理をせずにGHRHを添加した結果を示す。

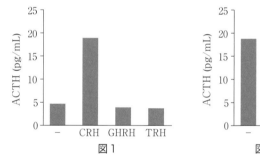 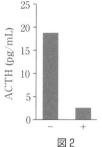 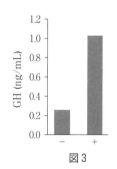 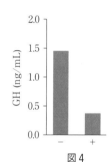

図1　　　　　　図2　　　　　　図3　　　　　　図4

問1 細胞PはACTHを分泌する。次のA~Cの記述のうち、**実験1**と**実験2**からわかる細胞Pの性質として正しいものを過不足なく含むものはどれか。次の①~⑦のうちから1つ選べ。

A　糖質コルチコイドは細胞PのCRH受容体の働きを阻害する。

B　CRHによってACTHの分泌が促進される。

C　GHRHやTRHによってACTHの分泌が促進される。

① A　② B　③ C　④ A、B　⑤ A、C　⑥ B、C　⑦ A、B、C

問2 細胞QはGHを分泌する。次のA~Cの記述のうち、**実験3**と**実験4**からわかることとして正しいものを過不足なく含むものはどれか。次の①~⑦のうちから1つ選べ。

A　ホルモンXによって、細胞Qは負のフィードバック制御を受ける。

B　ホルモンXはGHRHに作用して、不活性化する。

C　GHRHはGHの分泌を促進し、ホルモンXはGHRHによるGHの分泌促進を抑制する。

① A　② B　③ C　④ A、B　⑤ A、C　⑥ B、C　⑦ A、B、C

(22. 獨協医科大改題)

ヒント！ 問1、2　実験1~4の結果のみからわからないことは、適切ではないと判断する。

47 血糖濃度の調節 ☆☆☆ 4分 血糖濃度の調節に関する次の文章を読み、以下の各問いに答えよ。

ヒトのからだでは、同じような形や働きをもつ細胞が集まって組織となり、いくつかの組織が集まって器官となる。体内環境の維持に働く重要な器官として、肝臓と腎臓がある。肝臓には、血糖濃度の調節、アルコールや薬物などの分解（解毒作用）、タンパク質の分解によって生じるアンモニアの処理、血しょうタンパク質の合成、化学反応による熱の発生など、さまざまな働きがある。一方、腎臓は、からだの水分量や体液のイオン濃度の調節、および尿の生成を行っている。

問1 健康なヒトの血糖濃度の調節に関する記述として最も適当なものを、次の①〜⑤のうちから1つ選べ。

① 糖質コルチコイドは、からだの組織でタンパク質の分解を引き起こし、グルコースの合成を促進する。

② アドレナリンは、肝臓でグリコーゲンの合成を促進する。

③ 血糖濃度は、約1％に維持されている。

④ グルカゴンは、肝臓でグリコーゲンの合成を促進する。

⑤ インスリンは、肝臓でグリコーゲンの分解を促進する。

問2 次のア〜ウは、それぞれ、健康なヒト、1型糖尿病患者、および標的細胞がインスリンを受け取れなくなるタイプの2型糖尿病患者のいずれかの食後の血糖濃度と血液中のインスリン濃度の変化を示した図である。健康なヒト、1型糖尿病患者、2型糖尿病患者の図の組み合わせとして最も適当なものを、次の①〜⑥のうちから1つ選べ。

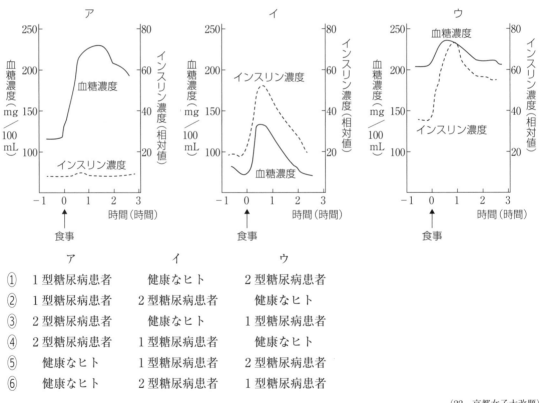

	ア	イ	ウ
①	1型糖尿病患者	健康なヒト	2型糖尿病患者
②	1型糖尿病患者	2型糖尿病患者	健康なヒト
③	2型糖尿病患者	健康なヒト	1型糖尿病患者
④	2型糖尿病患者	1型糖尿病患者	健康なヒト
⑤	健康なヒト	1型糖尿病患者	2型糖尿病患者
⑥	健康なヒト	2型糖尿病患者	1型糖尿病患者

(22. 京都女子大改題)

ヒント！ 問2 1型糖尿病患者は、すい臓のランゲルハンス島B細胞が自身の免疫細胞の攻撃を受け、インスリン産生が不十分である。

48 免疫 **8分** 次の文章を読み、以下の各問いに答えよ。

☆☆☆

Aさんは一人暮らしの大学生だが、今年度はインフルエンザワクチンの接種をまだ受けていなかった。(a)昨日より体調不良を感じ始め、体がだるく、肩などの関節に痛みを感じたので体温を測ると、39.1℃の発熱があった。授業を休み医療機関で医師の診断を受けたところ、インフルエンザ陽性の診断を受けたため、診断書をもらい帰宅して安静にすることにした。帰宅後、十分な水分と栄養をできる限り取り、静養していたところ、(b)発熱してから3日後には熱やそれ以外の症状が回復し始めたため、最低限の買い物をする以外は自宅における静養を続け、7日後には十分に症状が改善したことを確認して通学を再開した。

このようにして、Aさんは所属するアニメ同好会の活動も再開し、通常の学生生活を行っていたが、その後もインフルエンザワクチンの接種を受けなかった。2カ月ほど経過したころ、メンバー全員6人のうち、(c)Aさんとインフルエンザワクチンの接種を受けた2人は通常の体調であったが、それ以外の3人は発熱を伴う体調不良で大学を休んでいることをメールによって知った。この3人はしばらく大学に来ることができず、1週間以上たってから、大学への通学を再開したことがわかった。

問1 下線部(a)について、Aさんが発熱や肩などの関節の痛みをもった原因の説明として最も適切なものを、次の①～⑤のうちから1つ選べ。

① インフルエンザウイルスのタンパク質に関して免疫寛容が起きた。

② アナフィラキシーショックによって症状が起こった。

③ ヘルパーT細胞が活性化され、抗体を大量に産生した。

④ 体内で増殖したインフルエンザウイルスや感染細胞に、食細胞などが反応した。

⑤ キラーT細胞が活性化され、インフルエンザウイルス感染細胞を攻撃した。

問2 下線部(b)について、Aさんが回復したとき、体の中で起こっていたことを最もよく説明するように次の文章中の（　ア　）～（　エ　）に入る語を、次の①～⑥のうちからそれぞれ1つずつ選べ。

インフルエンザウイルスが体内で増殖すると、まず（　ア　）、（　イ　）、および（　ウ　）細胞などにウイルスが取り込まれ、細胞内で分解される。（　イ　）は血液中の単球が分化した細胞で、（　ウ　）細胞は取り込んだ異物を他の免疫細胞に提示する働きがある。（　ア　）、（　イ　）、および（　ウ　）細胞は食細胞と呼ばれ、このように病原体などの異物を取り込み消化する働きを食作用と呼ぶ。それに加えて、ウイルスが侵入した細胞を（　エ　）細胞が認識して、感染細胞を殺す。このように初めて感染した病原体に対して、過去の感染経験によらず病原体に働く生体防御の反応を自然免疫という。

① NK　　② マクロファージ　　③ キラーT　　④ 好中球　　⑤ 樹状　　⑥ ヘルパーT

問3 下線部(c)について、Aさんとインフルエンザワクチンの接種を受けた2人のメンバーが病気にならなかった理由として最も可能性の高いものを、次の①～⑤のうちから1つ選べ。

① インフルエンザウイルスに対して生まれつき高い耐性をもっていたため。

② インフルエンザウイルスと偶然接触しなかったため。

③ インフルエンザウイルスのもつ抗原の情報が記憶されていたため。

④ インフルエンザウイルスに対して免疫反応が起こらない状態となっていたため。

⑤ インフルエンザウイルスに対して拒絶反応が起こったため。

(22. 東京農工大改題)

ヒント！ 問2 自然免疫に関係する細胞を整理して考える。

49 探究 ☆☆☆

抗体の働き 7分 次の文章を読み、以下の問いに答えよ。

これまで自然免疫に関わるとされてきた NK 細胞にも、がん細胞やウイルス感染細胞のような異常細胞と抗体の複合体を認識して排除する機能があることがわかってきた。これらの細胞膜表面には正常細胞とは異なる分子が現れており、その分子を抗原として抗体が複合体を形成すると、それを NK 細胞が認識して異常細胞として排除する現象が知られている。この現象を理解するために、以下の実験を行った。

実験1 がん細胞と NK 細胞の2種類の細胞を混合し、がん細胞に特有な抗原を認識する抗体 X を添加した。その結果、がん細胞が NK 細胞により殺傷された。一方で、がん細胞と無関係な抗体 Y を用いたところ、細胞の殺傷は認められなかった。

実験2 抗体 X と抗体 Y にタンパク質分解酵素を作用させ、それぞれの抗体から C 部分と D 部分を取り出した（右図）。

実験3 抗体 X と抗体 Y のそれぞれについて、分解前の抗体、C 部分、または D 部分を、がん細胞もしくは NK 細胞と反応させ、両者の結合の有（＋）、無（−）を調べた（下表）。

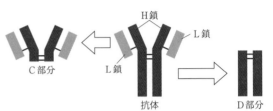

タンパク質分解酵素を用いた抗体の C 部分と D 部分の作製。抗体は2本の H 鎖と2本の L 鎖からなる。

実験4 抗体 X と抗体 Y のそれぞれについて、分解前の抗体、C 部分、D 部分、および C 部分と D 部分の混合物の4種類のサンプルを準備した。がん細胞と NK 細胞の2種類の細胞を混ぜたのちに、準備した抗体サンプルを添加し、NK 細胞によるがん細胞の殺傷の有（＋）、無（−）を調べた（下表）。

表　抗体の C 部分と D 部分を用いた実験

抗体 X（がん細胞に特有な抗原を認識する抗体）の場合

	分解前の抗体	C 部分	D 部分	C 部分と D 部分の混合物
抗体とがん細胞との結合	＋	＋	−	データなし
抗体と NK 細胞との結合	＋	−	＋	データなし
がん細胞の殺傷	＋	−	−	−

抗体 Y（がん細胞と無関係な抗体）の場合

	分解前の抗体	C 部分	D 部分	C 部分と D 部分の混合物
抗体とがん細胞との結合	−	−	−	データなし
抗体と NK 細胞との結合	＋	−	＋	データなし
がん細胞の殺傷	−	−	−	−

表の実験結果にもとづき考察した、NK 細胞が抗体を介してがん細胞を殺傷するメカニズムとして最も適当なものを、次の①〜⑤のうちから1つ選べ。

① 抗体 X は、C 部分の抗原結合部位を介してがん細胞と結合すると同時に、D 部分を介して NK 細胞と結合することによって、がん細胞の殺傷作用を示す。

② 抗体 Y は、D 部分で NK 細胞と結合しないため、がん細胞の殺傷作用を示さない。

③ NK 細胞は、抗体 X を細胞内に取り込むことにより活性化し、がん細胞を排除する。

④ 抗体 X、Y の C 部分はどちらも、NK 細胞とがん細胞との結合を阻害している。

⑤ 抗体 X、Y の D 部分はどちらも、がん細胞と特異的に結合している。

(22. 名古屋大改題)

ヒント！ 各抗体の C 部分・D 部分との結合状況と、がん細胞の殺傷作用との因果関係を考察する。

アスカとシンジは、病院の待合室で薬の投与法について議論した。

50 やや難 ☆☆☆

二次応答 **9分**　アスカとシンジは、病院の待合室で薬の投与法について議論した。

アスカ：薬は錠剤みたいに口から飲むものが多いけど、考えてみると、湿布や目薬のように表面から直接だったり、注射だったり、いろいろな投与法があるわよね。

シンジ：そうだね。なぜ、筋肉痛の薬は皮膚に塗るだけで効くのかな。

アスカ：たとえば、湿布にもよく入っているインドメタシン製剤は、脂溶性にしているから皮膚を通して患部の細胞の中まで浸透するのよ。

シンジ：糖尿病の薬として使う_アインスリンは注射だね。

アスカ：そうね。重い糖尿病では、毎日何度も注射しないといけないという話ね。インスリンはタンパク質の一種だから、口から飲むと　イ　からなんですって。

シンジ：そうそう、ハブに咬まれたときに使う血清も注射だよね。

アスカ：そうね。その血清は、ハブ毒素に対する抗体を含んでいるから、毒素に結合して毒の作用を打ち消すのよ。

シンジ：じゃあ、毒素の作用を完全に打ち消すためには、_ウ日をおいてもう一度血清を注射した方がいいのかなあ。

アスカ：あれっ、血清を二度注射すると、血清に対する強いアレルギー反応が起こるんじゃないかな。

問1　下線部アについての記述として最も適当なものを、次の①～⑤のうちから1つ選べ。

① 薬として開発されたタンパク質で、本来はヒトの体内に存在しない。

② 肝臓で働く酵素で、グルコースからグリコーゲンを合成する。

③ 小腸上皮から分泌される消化酵素で、グリコーゲンを分解する。

④ 副腎髄質から分泌されるホルモンで、血糖濃度を増加させる。

⑤ ランゲルハンス島から分泌されるホルモンで、血糖濃度を低下させる。

問2　上の会話文中の　イ　に入る文として最も適当なものを、次の①～⑤のうちから1つ選べ。

① 効果が強くなりすぎる　　② 吸収に時間がかかりすぎる　　③ 消化により分解されてしまう

④ 分解も吸収もされずに体外に排出されてしまう　　⑤ 抗原抗体反応で無力化されてしまう

問3　下線部ウついて、ハブに咬まれた直後に血清を注射した患者に、40日後にもう一度血清を注射したと仮定する。このとき、ハブ毒素に対してこの患者が産生する抗体の量の変化を示すグラフとして最も適当なものを、次の①～⑥のうちから1つ選べ。

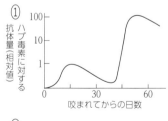
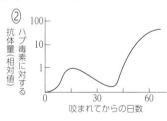
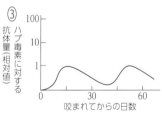
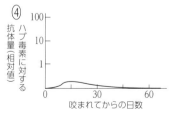
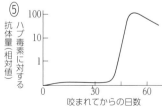
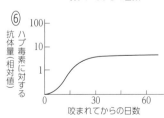

(18. 共通テスト試行調査〔生物基礎〕)

ヒント！　問3　血清には、抗体は含まれるが、毒素は含まれない。

白血球の働きと血清療法 5分 次の文章を読み、以下の各問いに答えよ。

免疫には、(a)自然免疫と(b)獲得免疫(適応免疫)とがある。獲得免疫には、細胞性免疫と(c)抗原抗体反応の関与する体液性免疫とがある。

問1 下線部(a)について、細菌感染の防御における役割を調べるため**実験1**を行った。**実験1**の結果から導かれる後の考察中の(ア)・(イ)に入る語の組み合わせとして最も適当なものを、次の①〜⑥のうちから1つ選べ。

実験1 大腸菌を、マウスの腹部の臓器が収容されている空所(以下、腹腔)に注射した。注射前と注射4時間後の腹腔内の白血球数を測定したところ、図の実験結果が得られた。

大腸菌の注射により、多数の好中球が(ア)から周辺の組織を経て腹腔内に移動したと考えられる。好中球は(イ)とともに、食作用により大腸菌を排除すると推測される。

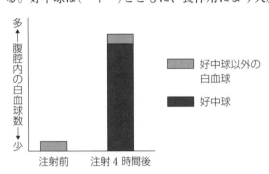

	ア	イ
①	胸腺	マクロファージ
②	胸腺	ナチュラルキラー(NK)細胞
③	血管	マクロファージ
④	血管	ナチュラルキラー(NK)細胞
⑤	リンパ節	マクロファージ
⑥	リンパ節	ナチュラルキラー(NK)細胞

問2 下線部(b)に関連して、移植された皮膚に対する拒絶反応を調べるため、**実験2**を行った。**実験2**の結果から導かれる考察として最も適当なものを、次の①〜⑥のうちから1つ選べ。

実験2 マウスXの皮膚を別の系統のマウスYに移植した。マウスYでは、マウスXの皮膚を非自己と認識することによって拒絶反応が起こり、移植された皮膚(移植片)は約10日後に脱落した。その数日後、移植片を拒絶したマウスYにマウスXの皮膚を再び移植すると、移植片は5〜6日後に脱落した。

① 免疫記憶により、2度目の拒絶反応は強くなった。
② 免疫記憶により、2度目の拒絶反応は弱くなった。
③ 免疫不全により、2度目の拒絶反応は強くなった。
④ 免疫不全により、2度目の拒絶反応は弱くなった。
⑤ 免疫寛容により、2度目の拒絶反応は強くなった。
⑥ 免疫寛容により、2度目の拒絶反応は弱くなった。

問3 下線部(c)に関連して、抗体の働きを調べるため、**実験3**を行った。下記A〜Dのうち、**実験3**でマウスが生存できたことについての適当な説明はどれか。それを過不足なく含むものを、次の①〜⓪のうちから1つ選べ。

実験3 マウスに致死性の毒素を注射した直後に、毒素を無毒化する抗体を注射したところ、マウスは生存できた。

A 予防接種の原理が働いた   B 血清療法の原理が働いた
C このマウスのT細胞が働いた   D このマウスのB細胞が働いた

① A   ② B   ③ C   ④ D   ⑤ A、C   ⑥ A、D   ⑦ B、C
⑧ B、D   ⑨ A、C、D   ⓪ B、C、D

(22. 大学入学共通テスト本試〔生物基礎〕)

ヒント! 問2 マウスXの皮膚を、通常より早く異物と判断するしくみについて考える。

52 探究 ☆☆☆
獲得免疫と拒絶反応 5分 次の文章を読み、以下の各問いに答えよ。

　獲得免疫が発動する際には、まず、病原体を取り込んだ樹状細胞が（　ア　）に移動し、（　イ　）に抗原を提示する。提示された抗原と特異的に結合する受容体をもつＴ細胞のみが活性化する。活性化したＴ細胞は増殖し、一部は記憶細胞として残る。一方、ある抗原を認識したＢ細胞は、同じ抗原を認識したヘルパーＴ細胞による活性化を受けると増殖し、一部は記憶細胞に、多くは抗体産生細胞（形質細胞）に分化する。免疫は、移植の際の拒絶反応にも関わっている。マウスを用いて、以下のような皮膚移植の実験を行い、結果を得た。

実験1　純系ではあるが、遺伝的に異なる２つの系統（Ｐ系統、Ｑ系統）のマウスを用意した。そして、Ｐ系統の個体の皮膚を、Ｐ系統の個体とＱ系統の個体に移植した。移植された皮膚は、前者では定着したが、後者では10日ほどで脱落した。

実験2　Ｑ系統の個体の皮膚を、Ｐ系統の個体とＱ系統の個体に移植した。移植された皮膚は、前者では10日ほどで脱落したが、後者では定着した。

実験3　Ｐ系統の個体の皮膚を、実験1と実験2で皮膚移植を受けた個体に再び移植した。移植された皮膚は、（　ウ　）という結果が得られた。

問1　文中の空欄ア、イに入る語の組み合わせとして最も適当なものを次の①〜⑥のうちから１つ選べ。
① ア：胸腺　　　　　イ：ヘルパーＴ細胞のみ
② ア：胸腺　　　　　イ：キラーＴ細胞のみ
③ ア：胸腺　　　　　イ：ヘルパーＴ細胞とキラーＴ細胞
④ ア：リンパ節　　　イ：ヘルパーＴ細胞のみ
⑤ ア：リンパ節　　　イ：キラーＴ細胞のみ
⑥ ア：リンパ節　　　イ：ヘルパーＴ細胞とキラーＴ細胞

問2　文中の空欄ウに入る記述として最も適当なものを次の①〜⑧のうちから１つ選べ。
① 実験1のＰ系統と実験2のＰ系統の個体では定着、実験1のＱ系統と実験2のＱ系統の個体では５日ほどで脱落
② 実験1のＰ系統と実験2のＰ系統の個体では定着、実験1のＱ系統の個体では５日ほどで脱落、実験2のＱ系統の個体では10日ほどで脱落
③ 実験1のＰ系統と実験2のＰ系統の個体では定着、実験1のＱ系統の個体では10日ほどで脱落、実験2のＱ系統の個体では５日ほどで脱落
④ 実験1のＰ系統と実験2のＰ系統の個体では定着、実験1のＱ系統と実験2のＱ系統の個体では10日ほどで脱落
⑤ 実験1のＰ系統の個体では定着、実験1のＱ系統の個体と実験2のＰ系統の個体では５日ほどで脱落、実験2のＱ系統の個体では10日ほどで脱落
⑥ 実験1のＰ系統の個体では定着、実験1のＱ系統の個体と実験2のＰ系統の個体では10日ほどで脱落、実験2のＱ系統の個体では５日ほどで脱落
⑦ 実験1のＰ系統と実験2のＱ系統の個体では５日ほどで脱落、実験2のＰ系統と実験1のＱ系統の個体では10日ほどで脱落
⑧ 実験1のＰ系統と実験2のＰ系統の個体では10日ほどで脱落、実験1のＱ系統と実験2のＱ系統の個体では５日ほどで脱落
(22. 岩手医科大改題)

ヒント！　問2　Ｑ系統のマウスでは、Ｐ系統の皮膚を移植されることで、Ｐ系統の皮膚に対する記憶細胞が形成される。

4 植生と遷移

■1 生物の多様性とバイオーム

　植物や動物、菌類や細菌などの生物は、その地域の環境に適応し、互いに関係をもちながら特徴ある集団を形成する。この集団を(^{1}　　　　　　　)という。

■2 バイオームの形成過程

◆**植物の形態と生活形**　生物が環境に適応した結果が形態に反映されているとき、その形態を(^{2}　　　　)という。ラウンケルは、植物の(^{2}　　　　　　)を、乾季や冬季につける休眠芽の位置の違いによって、**地上植物**(地表から30cm以上)、**地表植物**(地表から30cm以下)、**半地中植物**(地表に接する)、**地中植物**(地表から離れた地中)、**水生植物**(水中)、**一年生植物**(種子で過ごす)に分類した。

◆**植生の成り立ち**　ある場所に生育する植物全体を(^{3}　　　　　)という。(^{3}　　　　)の外観上の様相を(^{4}　　　　)と呼び、樹木が密に生えた**森林**、草本が中心の**草原**、植物がまばらな(^{5}　　　　)に大別される。

◆**森林の階層構造**　森林は、植物の高さによって**高木層、亜高木層、低木層、草本層**の(^{6}　　　　　)が認められる。高木層の樹木の茂っている部分がつながりあって、森林の表面をおおっている場合、これを(^{7}　　　　)という。これに対して地表に近い部分を(^{8}　　　　)という。

◆**森林内の光環境**　森林では階層によって光や温度などの環境が異なり、各階層ではそれぞれの環境に適応した植物がみられる。

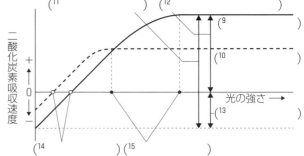

- **陽生植物**　光飽和点が高く、日なたでの成長が早い植物を、(^{9}　　　　　)という。このような植物は、光補償点も高いため、林床のような弱光下では生育できない。

- **陰生植物**　光飽和点、光補償点がともに低く、成長は遅いが日陰でも生育できる植物を、(^{10}　　　　)という。

◆**植生の遷移**　長い年月の間に、植生を構成する植物の種類や個体数が変化し、植生が移り変わっていくことを(^{16}　　　　)という。(^{16}　　　　)が進み、構成種が大きく変化せず安定になった状態を(^{17}　　　　)と呼び、このときの森林を(^{18}　　　　)という。

　火山活動によってできた溶岩地帯や新しくできた湖沼など、土壌がない場所からはじまる遷移を、(^{19}　　　　)と呼ぶ。一方、森林の伐採跡地や山火事の跡地などからはじまる遷移を(^{20}　　　　)といい、種子や根を含む土壌が残っているため、比較的短い時間でもとのような植生に回復する。遷移のうち、陸上ではじまるものを(^{21}　　　　)、湖沼などからはじまるものを(^{22}　　　　)という。

　乾性遷移の過程(モデル)

| 裸地 | → | 地衣類・コケ植物 | → | (^{23}　　　) | → | 低木林 | → | (^{24}　　　) | → | 混交林 | → | 陰樹林(極相) |

- **先駆植物(パイオニア植物)**　遷移の初期段階に進入する植物を(^{25}　　　　　)という。実際の遷移では、地衣類やコケ植物、果実が軽く移動しやすいススキ、貧栄養の環境でも生育できるオオバヤシャブシなどが進入することが多い。

- **ギャップ更新**　林冠を構成する高木が枯れたり、台風などで倒れたりして、林冠が途切れた空間を(^{26}　　　　)という。この空間が小さい場合、差し込む光が少なく、陽樹は生育できず、陰樹の幼木が成長し、林冠が途切れた空間を埋める。大きい場合では、林床まで強い光が差し込み、陽樹の種子が発芽し、急速に成長して空間を埋め、部分的に樹木が入れ替わる。これを(^{27}　　　　　)という。

3 バイオームとその分布

◆気候とバイオーム　バイオームは、構成する植生の相観にもとづいて分類されるため、その種類と分布は、気候を決定する主要因である気温と(^{28}　　　　)に対応している。

◆世界のバイオーム

<table>
<tr><th colspan="2">バイオーム</th><th>気候帯</th><th>植生の特徴</th><th>主な植物など</th></tr>
<tr><td rowspan="8">森林</td><td>(^{29}　　　　)</td><td rowspan="3">熱帯・亜熱帯</td><td>樹高が高い常緑広葉樹、つる植物や着生植物など、樹種が多い</td><td>フタバガキ、つる植物、着生植物など</td></tr>
<tr><td>亜熱帯多雨林</td><td>常緑広葉樹</td><td>アコウ、ガジュマル、ヘゴなど</td></tr>
<tr><td>(^{30}　　　　)</td><td>雨季に葉をつけ、乾季に落葉する落葉広葉樹</td><td>チーク、コクタンなど</td></tr>
<tr><td>(^{31}　　　　)</td><td rowspan="2">暖温帯</td><td>クチクラ層の発達した硬く光沢のある葉をもつ常緑広葉樹</td><td>シイ、カシ、タブノキなど</td></tr>
<tr><td>硬葉樹林</td><td>クチクラ層の発達した硬く乾燥に強い葉をもつ常緑広葉樹</td><td>(^{32}　　　　　　　)</td></tr>
<tr><td>(^{33}　　　　)</td><td>冷温帯</td><td>冬季に落葉する落葉広葉樹</td><td>ブナ、ミズナラなど</td></tr>
<tr><td>針葉樹林</td><td>亜寒帯・寒帯</td><td>常緑針葉樹、樹種が少ない</td><td>エゾマツ、トドマツなど</td></tr>
<tr><td rowspan="2">草原</td><td>(^{34}　　　　)</td><td>熱帯</td><td>少数の木本が混生する草原</td><td>イネのなかまの草本、アカシアなど</td></tr>
<tr><td>(^{35}　　　　)</td><td>温帯</td><td>木本がほとんど存在しない草原</td><td>イネのなかまの草本など</td></tr>
<tr><td rowspan="2">荒原</td><td>砂漠</td><td>寒帯以外</td><td>一年生草本、多肉植物</td><td>(^{36}　　　　　　　)</td></tr>
<tr><td>(^{37}　　　　)</td><td>寒帯</td><td>地衣類、コケ植物、きわめて低い木本</td><td>地衣類、コケ植物、コケモモなど</td></tr>
</table>

※(^{38}　　　　　　)…熱帯や亜熱帯の河口付近に、ヒルギなどの耐塩性のある樹木で構成される森林。

◆日本のバイオーム

水平分布…緯度や気候帯の違いによる分布。

針葉樹林
（エゾマツ、トドマツ）

(^{39}　　　　)
（ブナ、ミズナラ）

(^{40}　　　　)
（シイ、クスノキ）

(^{41}　　　　)
（アコウ、ガジュマル、ヘゴ）

140° 145°
45°
（亜寒帯）
40°
（冷温帯）
130° 135°
35°
（暖温帯）
（亜熱帯）
125°
30°
25°
130°

◀日本の水平分布▶

垂直分布…高度の違いによる分布。（下表は日本中部の例）
（気温は標高が100m高くなるごとに0.5～0.6℃ずつ下がる。）

分布帯	高度	植物（例）
(^{42}　　　)	(^{43}　　　)	高山草原 コマクサ・クロユリ
	2500m	高山低木林 ハイマツ・シャクナゲ
亜高山帯	1500m	(^{44}　　　) シラビソ・コメツガ
(^{45}　　　)	500m	夏緑樹林 ブナ・ミズナラ
(^{46}　　　)		照葉樹林 シイ・クスノキ

解答

1－バイオーム　2－生活形　3－植生　4－相観　5－荒原　6－階層構造　7－林冠　8－林床　9－陽生植物　10－陰生植物
11－光合成速度　12－見かけの光合成速度　13－呼吸速度　14－光補償点　15－光飽和点　16－遷移　17－極相（クライマックス）
18－極相林　19－一次遷移　20－二次遷移　21－乾性遷移　22－湿性遷移　23－草原　24－陽樹林　25－先駆植物（パイオニア植物）
26－ギャップ　27－ギャップ更新　28－降水量　29－熱帯多雨林　30－雨緑林　31－照葉樹林　32－オリーブ・コルクガシなど
33－夏緑樹林　34－サバンナ　35－ステップ　36－サボテン・トウダイグサなど　37－ツンドラ　38－マングローブ　39－夏緑樹林
40－照葉樹林　41－亜熱帯多雨林　42－高山帯　43－森林限界　44－針葉樹林　45－山地帯　46－丘陵帯（低地帯）

必修問題

☑ **53** ☆ **生活形** `5分` 生活形に関する次の文章を読み、以下の各問いに答えよ。

　生物がさまざまな環境に適応し、その生活様式を形態に反映させたものを生活形という。ラウンケルは、植物が生育に適さない冬季や乾季につける休眠芽の位置はその適応の結果だと考え、生活形を分類した。図中の黒く塗りつぶした部分は、休眠芽の位置を示している。

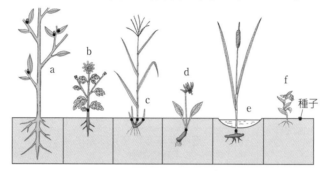

問1 生活形に関する記述として、**誤っているもの**を次の①〜⑥のうちから**2つ**選べ。

① 冬季に地表に降りる霜から、休眠芽の位置が最も離れている地上植物（a）が、最も低温に適応した生活形である。

② 地表植物（b）は、冬季や乾季に地表部の多くが枯れ、休眠芽を地表から30cm以下の位置に形成する。

③ ススキは、冬季には地表部が枯れ、乾季には地中部も枯れて種子だけが休眠状態で生き残る半地中植物（c）の一種である。

④ カタクリは、球根や地下茎が地表から離れた地中にできる地中植物（d）の一種である。

⑤ ガマは、水中や水で飽和した地中に休眠芽をつくる水生植物（e）の一種である。

⑥ 一年生植物（f）は、冬季や乾季には種子の状態で休眠する。

問2 地表植物（b）と一年生植物（f）に相当する植物を、次の①〜⑧のうちから1つずつ選べ。

① ホテイアオイ　　② クスノキ　　③ ツユクサ　　④ ヒツジグサ
⑤ タンポポ　　　　⑥ キク　　　　⑦ ナルコユリ　⑧ ヤブツバキ

☑ **54** ☆☆ **森林の階層構造** `3分` 図は、ある森林を横から見た垂直方向の構造を示したものである。以下の各問いに答えよ。

問1 図中のAおよびCの層を何というか。次の①〜⑥のうちから1つずつ選べ。

① 林冠木本層　　② 高木層　　③ 中木層
④ 低木層　　　　⑤ 草本層　　⑥ 地表植物層

問2 図中のAとDの各層で光の強さを比べた場合、どのような関係になると考えられるか。次の①〜③のうちから1つ選べ。

① A＞D　　② A＝D　　③ A＜D

問3 図の各層で主に生育する植物の光補償点を比べたとき、最も低い植物が生育するのはどの層か。次の①〜④のうちから1つ選べ。

① A層　　② B層　　③ C層　　④ D層

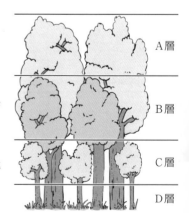

55 光合成と光の強さ　5分　図は植物の光合成速度と光の強さの関係を示したものである。

問1　図中のａ、ｂの名称の組み合わせとして、最も適当なものを次の①～⑤のうちから１つ選べ。

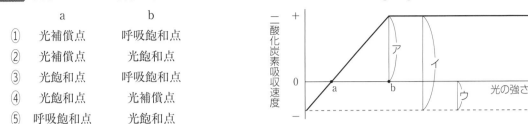

	a	b
①	光補償点	呼吸飽和点
②	光補償点	光飽和点
③	光飽和点	呼吸飽和点
④	光飽和点	光補償点
⑤	呼吸飽和点	光飽和点

問2　図中のア、イ、ウの名称の組み合わせとして最も適当なものを次の①～⑤のうちから１つ選べ。

	ア	イ	ウ
①	光合成速度	見かけの光合成速度	呼吸速度
②	見かけの光合成速度	呼吸速度	光合成速度
③	見かけの光合成速度	光合成速度	呼吸速度
④	呼吸速度	光合成速度	見かけの光合成速度
⑤	呼吸速度	見かけの光合成速度	光合成速度

問3　ｂの説明として正しい記述はどれか。次の①～④のうちから１つ選べ。
① この植物が生存していくための最低限の光の強さ。
② これ以上光を強くしても光合成速度が大きくならない光の強さ。
③ 光合成速度と呼吸速度が同じになる光の強さ。
④ これ以上光を強くしても呼吸速度が大きくならない光の強さ。

(13. 岐阜聖徳学園大改題)

56 遷移　5分　遷移に関する次の文章を読み、以下の各問いに答えよ。

　植生を構成する種は時間とともに移り変わる。これには、ア火山の噴火などで生じた裸地からはじまる変化と、イ山火事などで植生が破壊された場所からはじまる変化がある。また、陸上だけでなく、ウ湖沼からはじまる変化もある。いずれの場合も、長い年月を経るとエ植生が安定した状態になる。

問1　下線部アのような土地に最初に入り込む生物にみられる特徴として、**誤っているもの**を次の①～④のうちから１つ選べ。
① 果実や種子が軽く、移動しやすい。
② 果実や種子が重く、じょうぶである。
③ 栄養分や水分が少なくても生育することができる。
④ 日当たりのよいところで発芽しやすい。

問2　下線部イは何と呼ばれているか。次の①～④のうちから１つ選べ。
① 一次遷移　　② 二次遷移　　③ 湿性遷移　　④ 乾燥遷移

問3　下線部ウの植生の移り変わりにおいて、次の①～③の植物のうち、最初に出現する種と最後に出現する種を１つずつ選べ。
① ヒシ　　② ヨシ　　③ クロモ

問4　日本中部の低地において、下線部エでみられる優占種を、次の①～⑥のうちから１つ選べ。
① アカマツ　　② ビロウ　　③ スダジイ　　④ トドマツ　　⑤ コナラ　　⑥ ブナ

(13. 日本大改題)

57 ☆☆☆

一次遷移 〔5分〕 植生の遷移に関する次の文章を読み、以下の各問いに答えよ。

鹿児島県の桜島には、噴出年代が異なる溶岩があって、そこに生じる植生を調べた結果、次の図に示すような植生の遷移が明らかにされている。

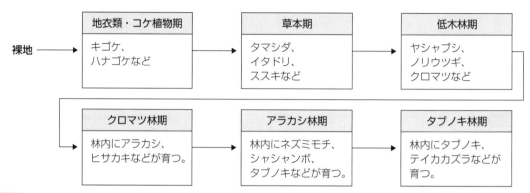

問1 この地域の極相（クライマックス）はどれか。次の①〜⑥のうちから1つ選べ。

① 地衣類・コケ植物期 　② 草本期 　③ 低木林期

④ クロマツ林期 　⑤ アラカシ林期 　⑥ タブノキ林期

問2 遷移の途中で、陽樹林から陰樹林に変わる時期はどれか。次の①〜④のうちから1つ選べ。

① 草本期→低木林期 　　　② 低木林期→クロマツ林期

③ クロマツ林期→アラカシ林期 　④ アラカシ林期→タブノキ林期

問3 遷移が進む原因に関する記述として、**誤っているもの**を次の①〜④のうちから1つ選べ。

① 食物連鎖が変わり、特定の植物が動物に食べられるため。

② 植物の枯死した葉や枝が腐植質となり、しだいに土壌が肥えるため。

③ 生育する植物がしだいに高くなり、階層構造が発達し、植生の内部に達する光が少なくなるため。

④ 植物が繁茂すると、雨水の流失が減少し、土壌が乾燥しにくくなるため。 　　(86. 共通一次本試改題)

58 ☆

暖かさの指数 〔6分〕 表1は、日本のある地点Xの月平均気温である。平均気温が5℃を超える月において、各月の平均気温から5℃を差し引いた値をすべて合計した数字を暖かさの指数という。表2は、暖かさの指数と気候帯との関係を示したものである。以下の各問いに答えよ。

表1

月	1月	2月	3月	4月	5月	6月	7月	8月	9月	10月	11月	12月
平均気温	−1.0	−0.2	3.2	8.6	15.3	18.9	22.1	21.5	18.4	12.6	5.2	0.8

問1 地点Xにおける暖かさの指数として、最も近い数値を次の①〜⑤のうちから1つ選べ。

① 10 　② 65 　③ 82 　④ 122 　⑤ 125

問2 地点Xにおいて形成されていると推測されるバイオームを、次の①〜④のうちから1つ選べ。

① 針葉樹林 　② 夏緑樹林 　③ 照葉樹林 　④ 亜熱帯多雨林

問3 地点Xの月平均気温が一律に5℃高くなった場合、どの気候帯の植生に近づくと考えられるか。次の①〜④のうちから1つ選べ。

① 冷温帯 　② 暖温帯 　③ 亜熱帯 　④ 熱帯

表2

気候帯	暖かさの指数
寒帯	0〜15
亜寒帯	15〜45
冷温帯	45〜85
暖温帯	85〜180
亜熱帯	180〜240
熱帯	240以上

59 ☆☆ バイオーム 5分

右図は、世界の気候とバイオームを示しており、日本の4都市と、2つの地点XとYが占める位置を加えている。なお、XとYは、同じ地域の異なる標高にある。

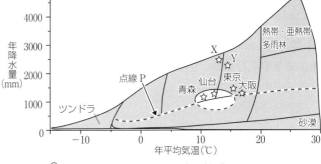

問1 図中の点線Pの記述として最も適当なものを、次の①～④のうちから1つ選べ。

① Pより上側では、森林が発達しやすい。　　② Pより上側では、雨季と乾季がある。

③ Pより上側では、常緑樹が優占する。　　④ Pより下側では、樹木は生育できない。

問2 次の文中の ア ～ ウ に入る語の組み合わせとして最も適当なものを、下の①～⑧のうちから1つ選べ。

地点XとYには、それぞれの気候から想定される典型的なバイオームが存在する。今後、地球温暖化が進行した場合、降水量の変化が小さければ、地点 ア の周辺において、 イ を主体とするバイオームから、 ウ を主体とするバイオームに変化すると考えられる。

	ア	イ	ウ		ア	イ	ウ
①	X	常緑針葉樹	落葉広葉樹	②	X	落葉広葉樹	常緑広葉樹
③	X	落葉広葉樹	常緑針葉樹	④	X	常緑広葉樹	落葉広葉樹
⑤	Y	常緑針葉樹	落葉広葉樹	⑥	Y	落葉広葉樹	常緑広葉樹
⑦	Y	落葉広葉樹	常緑針葉樹	⑧	Y	常緑広葉樹	落葉広葉樹

(21. 大学入学共通テスト第1日程〔生物基礎〕改題)

60 ☆☆☆ 日本の垂直分布 6分

日本の垂直分布に関する以下の各問いに答えよ。

問1 図1は、北海道から九州、沖縄までの代表的な山の高度によるバイオームの違いを模式的に描いたものである。図中のA～Cに相当するバイオームを、次の①～⑤のうちから1つずつ選べ。

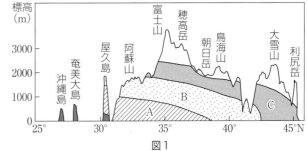

① 針葉樹林　　② 照葉樹林

③ 亜熱帯多雨林　　④ 雨緑樹林

⑤ 夏緑樹林

図1

問2 図2は、本州中部における垂直分布を示している。Ⅱ、Ⅲに相当する分布帯とその地域に生育する代表的な植物の組み合わせとして、最も適当なものを次の①～⑧のうちから1つずつ選べ。

① 山地帯－スダジイ　　② 山地帯－ブナ

③ 高山帯－コマクサ　　④ 高山帯－ブナ

⑤ 亜高山帯－クスノキ　　⑥ 亜高山帯－コメツガ

⑦ 丘陵帯－スダジイ　　⑧ 丘陵帯－ブナ

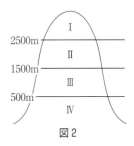

図2

問3 図2のⅠとⅡの境界を何というか。次の①～④のうちから1つ選べ。

① 高山限界　　② 山地限界　　③ 森林限界　　④ 草原限界

5 生態系とその保全

❶ 生態系

◆**生態系の成り立ち**　生態系は、温度・光・水・大気・土壌などからなる(^{1}　　　　　)と、同種・異種の生物からなる(^{2}　　　　　)に分けて考えることができる。生態系のなかで、無機物から有機物をつくる生物を(^{3}　　　　)という。これに対して、外界から取り入れた有機物を利用している生物を(^{4}　　　　)という。(^{4}　　　　)のうち、遺骸や排出物を利用するものを(^{5}　　　　)と呼ぶことがある。非生物的環境から生物への働きかけを(^{6}　　　　　)といい、生物から非生物的環境への働きかけは(^{7}　　　　　)という。

　生態系では、被食者と捕食者の関係は連続的につながっている。このつながりを(^{8}　　　　　)という。実際の生態系では、(^{8}　　　　)は網目状の関係になっており、このような関係を(^{9}　　　　)という。栄養分の摂り方によって生物を段階的に分けたものを(^{10}　　　　)という。この段階順に生物の個体数や生物量などを積み重ねたものを、(^{11}　　　　　)という。

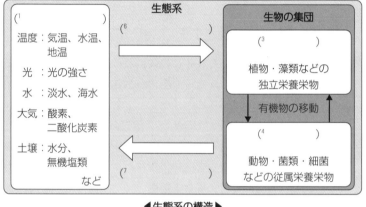

◀生態系の構造▶

◆**種の多様性と生物間の関係性**　生態系において、ある生物が消失した場合、さまざまな変化が生じる。

- (^{12}　　　　　　　)…生態系内で食物網の上位にあって、他の生物の生活に大きな影響を与える生物種のこと。生態系のバランスを保つ重要な役割を担っている。
- (^{13}　　　　　　)…2種類の生物間にみられる捕食－被食のような関係が、その2種類以外の生物に影響を及ぼすこと。

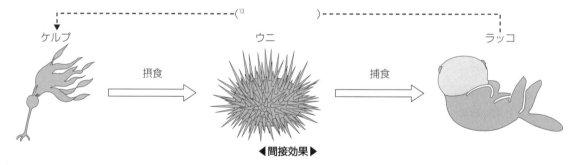

◀間接効果▶

❷ 生態系のバランスと保全

　生態系は、いったん撹乱されても、長い年月の間に元のような状態に戻る。しかし、復元力を超えた撹乱が起きることがあり、この場合、元の状態に回復しにくくなる。

◆**酸性雨**　排気ガスに含まれる窒素酸化物や硫黄酸化物が水に溶けると、硝酸や(^{14}　　　　)が生じる。これらが溶けた雨は強い酸性を示すため、(^{15}　　　　)と呼ばれる。

◆**水質汚染**　湖や海などにおいて、窒素や(^{16}　　　　)などの濃度が高くなる現象を(^{17}　　　　　)という。これによって、植物プランクトンが大量発生することがあり、アオコや(^{18}　　　　)が生じる。

◆**自然浄化**　川などに汚濁物質が流れ込むと、泥や岩などへの吸着、多量の水による希釈、微生物による分解などによって、水中の汚濁物質の量は減少する。このような作用を、(¹⁹　　　　　　)という。
(¹⁹　　　　　　)のように、生態系は程度の小さい撹乱であれば撹乱の前の状態に戻る。これを生態系の(²⁰　　　　　　)という。

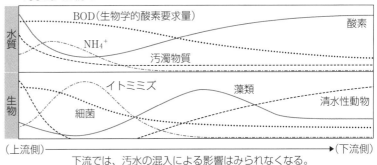

▼汚水混入が続く

下流では、汚水の混入による影響はみられなくなる。

◀**河川の自然浄化**▶

◆**生物濃縮**　体内で分解されにくい物質や排出されにくい物質が生物に取り込まれ、生体内で高濃度に蓄積される現象を、(²¹　　　　　　)という。高次の消費者ほど、より高濃度に体内に蓄積される。

◆**地球温暖化**　地球は、太陽の光エネルギーによって温められ、地表から熱を大気圏外に放出している。この放出される熱エネルギーを吸収し、一部を地表に向かって放射して地表や大気の温度を上昇させる働きを(²²　　　　　　)といい、この性質をもつ気体を(²³　　　　　　)という。この気体が増加することで、地球の平均気温が上昇していると考えられている。

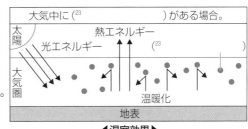

◀**温室効果**▶

◆**外来生物**　人間の活動によって、本来生息していなかった場所に持ち込まれた生物のことを(²⁴　　　　　　)という。そのなかでも、移入先で生態系や人間の生活に大きな影響を与える、またはそのおそれのあるものを(²⁵　　　　　　)と呼ぶ。
日本での例：オオクチバス（ブラックバス）、マングース、アライグマ、ボタンウキクサなど

◆**自然に対する働きかけの縮小**　人が手入れをしなくなることで環境に影響が現れることがある。
・**里山**…農村の集落周辺には、水田や畑などとともに、古くから人間の手で管理・利用されてきた雑木林や草地が広がっている。これらが存在する一帯を(²⁶　　　　)といい、多様な生物が生息している。

◆**開発による生息地の変化**　開発などによって、生物の生息地が分断されることがある。
・(²⁷　　　　　　　　)…道路やダム建設などの開発を行う際に、環境への影響を事前に調査、予測して環境への適切な配慮がなされるようにする評価。

◆**絶滅危惧種**　絶滅のおそれがある生物のことを(²⁸　　　　　　)という。多くは、人間による乱獲や生息環境の破壊が原因となっている。　日本での例：アホウドリ、メダカ、ゲンゴロウなど
・(²⁹　　　　　　　　)…絶滅のおそれがある生物の国際取引を規制する条約。
　絶滅のおそれがある生物を、絶滅の危険性の高さに応じて分類したものは(³⁰　　　　　　)と呼ばれ、その分布や生息状況などのより詳しい情報を記載したものを(³¹　　　　　　　　)という。

◆**生態系サービス**　私たちのくらしは、生態系から受ける多様な恩恵のもとに成り立っており、その恩恵は、(³²　　　　　　　　)と呼ばれる。

解答

1−非生物的環境　2−生物的環境　3−生産者　4−消費者　5−分解者　6−作用　7−環境形成作用　8−食物連鎖　9−食物網
10−栄養段階　11−生態ピラミッド　12−キーストーン種　13−間接効果　14−硫酸　15−酸性雨　16−リン　17−富栄養化　18−赤潮
19−自然浄化　20−復元力　21−生物濃縮　22−温室効果　23−温室効果ガス　24−外来生物　25−侵略的外来生物　26−里山
27−環境アセスメント　28−絶滅危惧種　29−ワシントン条約　30−レッドリスト　31−レッドデータブック　32−生態系サービス

必修問題

61 ☆
生態系の成り立ち 〔3分〕 生態系に関する次の文章を読み、以下の各問いに答えよ。

　ある地域に生息しているすべての生物と、その地域の非生物的環境とを1つのまとまりとしてみたものを生態系という。生態系内の生物は、非生物的環境からさまざまな影響を受ける。この影響のことを（　ア　）という。一方、生物も非生物的環境に影響を与える。生態系内に存在する生物は、食う－食われるの関係が連続的につながっており、これは（　イ　）と呼ばれる。実際の生態系では、（　イ　）は直線的なつながりではなく複雑な関係になっており、これは（　ウ　）と呼ばれる。

問1 上の文章中の空欄（　ア　）～（　ウ　）に入る語として最も適当なものを、次の①～⑥のうちからそれぞれ1つずつ選べ。

① 生物多様性　　　② 食物網　　　③ 食物連鎖
④ 生態ピラミッド　　⑤ 作用　　　⑥ 環境形成作用

問2 下線部の例として**適当でないもの**を、次の①～⑥のうちから1つ選べ。
① 樹木が生育すると、その下は暗くなり、1日の温度変化も小さくなる。
② ミミズが土壌中の有機物を食べ、粒状の糞をすることで、土壌の水はけがよくなる。
③ 植物プランクトンの異常増殖によって水の濁りが増し、水底に届く光が減る。
④ 野生化したヤギの食害によって、森林が裸地となり、表土が流出しやすくなる。
⑤ キーストーン種がいなくなることによって、生態系内の生物の種数や各種の個体数が変化する。
⑥ マングローブ（マングローブ林）が発達すると、その内部の水の流れが弱くなる。

(20. センター追試〔生物基礎〕改題)

62 ☆☆
間接効果 〔3分〕 間接効果に関する次の文章を読み、以下の問いに答えよ。

　生態系のバランスは、多様な生物種が関わりあって保たれている。しかし、人間生活が影響することにより、生態系のバランスはしばしば大きく変化することが知られている。

　下線部に関連して、次の記述①～⑥は、人間活動の影響により生態系のバランスが大きく変化した事例を表している。これらのうち、人間活動が直接的に影響した生物が二次以上の高次の消費者であり、かつ、その生物からの食物連鎖により影響が広がった事例はどれか。該当する事例として適当なものを、次の①～⑥のうちから**2つ**選べ、ただし、解答の順序は問わない。

① ある海域においてラッコが乱獲された。その結果、ラッコが食べていたウニがふえて海藻を食べ尽くし、そこに生息していた多くの動物が姿を消した。
② 魚を食べる鳥の一種であるカワウの群れが、湖畔の営巣地から追い払われた。その結果、カワウの排泄物などが生育を抑制していた植物が、営巣地の地表面において繁茂した。
③ 小さな島にヤギが移入された。その結果、植物が地下部ごと食べられ、崩れやすくなった土壌が降雨により流出し、地表が裸地になった。
④ 水に浮かんで育つ植物であるホテイアオイが池に捨てられ、増殖した。その結果、ホテイアオイの植物体によって水面が覆われ、他の水生植物が育たなくなった。
⑤ トカゲの一種であるグリーンアノールが小さな島に移入され、増殖した。その結果、花粉を運んでいた昆虫が食べられて激減し、一部の植物は種子をほとんどつけなくなった。
⑥ 池にコイが放流された。その結果、コイが泳いで巻き上げた泥により光が遮られ、水生植物が育たなくなった。

(23. 大学入学共通テスト追試〔生物基礎〕改題)

63 ☆☆☆ **自然浄化** 5分 自然浄化に関する次の文章を読み、以下の問いに答えよ。

生態系は復元力をもち、たとえば、川や海に汚濁物質が流入しても、泥や岩への吸着や生物による働きによって水中の汚濁物質の量が減少する。

有機物を多量に含む汚水の流入がある河川において、汚水流入部の上流側から下流側にかけての水質を調べたところ、図1の結果を得た。また、図1中の地点1〜4で、川底の岩や石に付着している生物のうち、有機物を無機塩類に分解する細菌を調べ、各地点の相対量を図2に示した。川底の岩や石に付着している生物のうち、無機塩類を栄養分として利用する藻類を調べたとき、その各地点の相対量のデータが当てはまるグラフとして最も適当なものを、次の①〜⑥のうちから1つ選べ。

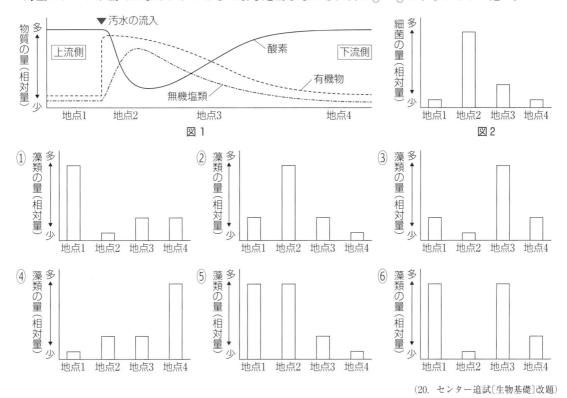

(20. センター追試〔生物基礎〕改題)

64 ☆☆☆ **外来生物** 5分 外来生物に関する次の文章を読み、以下の問いに答えよ。

複数の外来生物が同じ生態系に侵入していることは近年では珍しくない。この場合、特定の外来生物のみを駆除すると、別の外来生物の影響を拡大させる可能性がある。このような状況が、右図に示す生物種A、B、C、Dが生息するため池の外来種駆除において生じた。このため池でAを駆除するとDが減少することになった。図のA、B、C、Dに当てはまる最も適切な生物種を、次の①〜⑨のうちからそれぞれ1つずつ選べ。

あるため池における特定の外来生物を駆除する前の各種の関係を示す食物網（矢印の先が捕食者）

① オオクチバス ② アマミノクロウサギ ③ セイタカアワダチソウ
④ フイリマングース ⑤ グリーンアノール ⑥ ニホンカモシカ
⑦ アメリカザリガニ ⑧ ヒシ ⑨ ヨシノボリの一種

(22. 同志社大改題)

65 ☆☆
環境問題 （2分） 環境問題に関する以下の各問いに答えよ。

問1 化石燃料の燃焼などで大気中に放出された窒素酸化物や硫黄酸化物が主な原因となって引き起こされる環境問題として、最も適当なものを次の①～④のうちから1つ選べ。

① オゾン層の破壊　② 地球温暖化　③ 酸性雨　④ 砂漠化

問2 赤道に近い発展途上国において、農地の拡大などによって進んでいる、野生動物の生息地の減少や地球温暖化にもつながる現象として、最も適当なものを次の①～⑤のうちから1つ選べ。

① 土壌の汚染　　　② 地下水の汚染　　③ 光化学スモッグ
④ 熱帯多雨林の減少　⑤ 大気汚染

問3 オゾン層の破壊は主に何と呼ばれる物質によって引き起こされるか。最も適当なものを次の①～⑤のうちから1つ選べ。

① フロン　　　　② 硫黄酸化物　　　　　③ メタン
④ 二酸化炭素　　⑤ PCB（ポリ塩化ビフェニル）

66 ☆☆
生物濃縮 （4分） 下図は生物濃縮の例を表したものである。以下の各問いに答えよ。

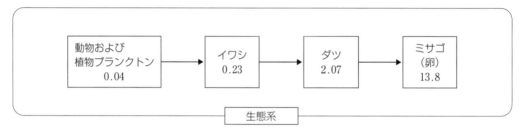

図中の数字は体重1kg当たりのDDT量(mg)を、また、矢印は消費者による摂食をそれぞれ示している。

図　DDTの生物濃縮の例

問1 動物および植物プランクトンと比較して、（A）イワシ、（B）ミサゴ（卵）では、濃度がおよそ何倍にふえているか。最も適当なものを次の①～⑥のうちから1つずつ選べ。

① 1倍　② 5倍　③ 10倍　④ 150倍　⑤ 250倍　⑥ 350倍

問2 生物濃縮が起こりやすい物質の特徴として最も適当なものを、次の①～④のうちから1つ選べ。

① 体内で分解されにくく、排出されやすい。　② 体内で分解されにくく、排出されにくい。
③ 体内で分解されやすく、排出されやすい。　④ 体内で分解されやすく、排出されにくい。

67 ☆☆
生態系の保全 （2分） 以下の各問いに答えよ。

問1 人間の活動によって本来の生息場所から別の場所へ持ち込まれ、その場所にすみ着いている生物を、外来生物という。日本へ侵入した外来生物**ではないもの**を、次の①～④のうちから1つ選べ。

① マングース　　② ウシガエル　　③ セイヨウタンポポ　　④ メダカ

問2 外来生物による生態系の撹乱や生息環境の破壊などのさまざまな原因によって、多くの生物が絶滅の危機にさらされている。日本の絶滅危惧種**ではないもの**を、次の①～④のうちから1つ選べ。

① シマフクロウ　　② ツシマヤマネコ　　③ ミドリガメ　　④ アホウドリ

問3 渡り鳥が中継地や生息地とする湿地の保全や利用を目的として締結された国際的な取り決めとして、最も適当なものを次の①～④のうちから1つ選べ。

① ラムサール条約　　② ワシントン条約　　③ モントリオール議定書　　④ 京都議定書

68 生態系の働き 5分 生態系に関する次の文章を読み、以下の各問いに答えよ。

☑ ☆☆

自然の生態系では、ア構成する生物の種類や個体数、非生物的環境などが、短期間でみれば大きく変動しながらも、長期間でみれば一定の範囲内に保たれていることが多い。しかし近年、イ人間のさまざまな活動により、こうした生態系のバランスが崩れつつある。

問1 下線部アに関連して、次の図1は、ある草原で単位面積当たりのヤチネズミの捕獲個体数を20年以上にわたって調べたものである。このようにヤチネズミの個体数が一定の範囲内に保たれた原因として**考えられないもの**を、次の①～⑥のうちから1つ選べ。

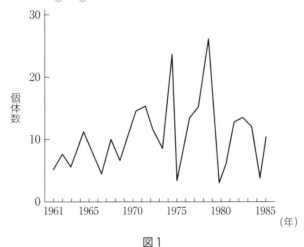

図1

① ヤチネズミがふえると、一部のヤチネズミが別の草原を求めて移動した。
② ヤチネズミがふえると、捕食者であるワシやタカの個体数がふえた。
③ ヤチネズミがふえると、ヤチネズミの子が病気などで死亡する率が高まった。
④ ヤチネズミが減ると、ヤチネズミの主な食物であるカヤツリグサがふえた。
⑤ ヤチネズミが減ると、別種のネズミが侵入してきてヤチネズミの食物を消費した。
⑥ ヤチネズミが減ると、個体当たりの食物が増加し、出生率が高まった。

問2 下線部イに関する記述 a ～ e のうち、正しい記述の組み合わせとして最も適当なものを、次の①～⑧のうちから1つ選べ。

a 人間が放牧を行った土地では、降水量が多くても森林が発達せず、一次遷移のごく初期に現れるコケ植物しか生育できない。

b 人間が草刈りや、落ち葉かき、伐採などによって維持している里山の雑木林では、遷移の最終段階に出現する陰樹が優占する。

c 人間によって持ち込まれたオオクチバス（ブラックバス）が、湖沼にすむ在来の小型魚を捕食し、激減させることがある。

d 人間が主な居住地として利用する平地や低山とは異なり、高山帯には人間が居住しないため、ハイマツなどからなる低木林しかみられない。

e 石油などの化石燃料の大量消費は、大気中に占める二酸化炭素の割合をふやし、地球温暖化や気候変動を引き起こすと考えられている。

① a、b ② a、c ③ a、e ④ b、c
⑤ b、d ⑥ c、d ⑦ c、e ⑧ d、e

(16. センター本試〔生物基礎〕)

実践例題 6 ギャップ更新

　極相の状態にあり、種aが優占する森林に、図1のようなギャップがみられた。種aが林冠で優占する場所AとギャップB、Cに、10m×10mの調査区を設け、高さ別の個体数を調べた（図2）。また、A～Cにおいて、面積1m²、深さ10cmの表層土壌中の種bの種子数を調べたところ、表のようになった。ギャップCができた後にギャップBができ、これらはほぼ同じ面積で比較的大きく、強い光が森林内に入る環境であるとして、以下の各問いに答えよ。

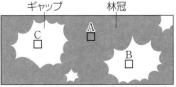

図1　調査した森林（□は調査区）

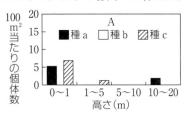 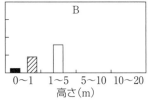 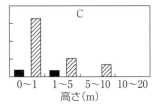

図2　調査区A～Cに生育する種a～cの高さ別の個体数

問1　図2の結果から読み取れることとして、適当なものを次の①～⑤のうちから2つ選べ。

① 種bの個体が生育する場所では、種cは生育できない。

② 種cの個体が最も高くなっても、種bは生育し続ける。

③ 種aが林冠で優占するようになると、種bはみられなくなる。

④ 種aが林冠で優占するようになると、種bが進入する。

⑤ 種aが林冠で優占するようになっても、種cは生育し続ける。

表　表層土壌中に存在する種bの種子数

	調査区		
	A	B	C
土壌中の種bの種子数 （面積1m²・深さ10cm当たり）	10	150	10

問2　図2と表から、種bの記述として最も適当なものを次の①～④のうちから1つ選べ。

① 種bの種子は、種aが林冠で優占する場所には存在せず、ギャップができた後でそこに運ばれてきたが、発芽または発芽後の成長ができなかった。

② 種bの種子は、種aが林冠で優占する場所には存在せず、ギャップができた後でそこに運ばれてきて発芽し、その後成長を続けた。

③ 種bの種子は、ギャップができる前から種aが林冠で優占する場所に存在したが、そこで発芽または発芽後の成長ができなかった。

④ 種bの種子は、ギャップができる前から種aが林冠で優占する場所に存在し、そこで発芽し、成長を続けていた。

問3　図2と表から判断できることとして、最も適当なものを次の①～⑤のうちから2つ選べ。

① 種aは、ギャップのような強い光が当たる場所では生育できない。

② 種bは、ギャップのような強い光が当たる場所では、種a、cより成長が速い。

③ 種cは種bより成長が遅いが、やがて種bより高くなり、その後種bはみられなくなる。

④ ギャップができた初期の段階から、種aが種b、cの成長を抑えて生育する。

⑤ ギャップができた後、遷移が進むと、種cが優占する森林として極相に達する。

(13. 山形大改題)

解法

問1

① 誤　調査区Bのグラフをみると、高さ1～5mに種bが生育しており、その下層の0～1mに種cが生育しているので、誤りである。

② 誤　図2の調査区Cでは、種cが最も高い(5～10m)。このとき種bはまったくみられないので、誤りである。

③ **正　図2の調査区Aでは、種aが林冠(10～20m：調査区Aで最も高い層)を優占しており、このとき、種bはまったくみられないので、正しい。**

④ 誤　図2の調査区Aでは、種aが林冠を優占している。このとき、最下層の0～1mに種bはみられず、進入しているとはいえないので、誤りである。

⑤ **正　図2の調査区Aでは、種aが林冠を優占している。このとき、種cは0～5mに生育しているので、正しい。**

問2

① 誤　表から、種aが林冠で優占する調査区Aにも、種bの種子は比較的少ないが存在しているので、誤りである。

② 誤　表から、種aが林冠で優占する調査区Aにも種bの種子は存在している。また、種bは図2の調査区B(ギャップBは後からできたことから、ギャップ形成後の遷移の段階として、調査区Cよりも初期にある)で1～5mに生育がみられるが、調査区Cではまったくみられない。したがって、種bはギャップ形成後いったん生育するが、その後成長はできないと考えられるので、誤りである。

③ **正　表から、種aが林冠で優占する調査区Aにも種bの種子は存在している。また、図2の調査区Aのグラフから、種bの生育はみられず、発芽または発芽後の成長ができなかったと考えられるので、正しい。**

④ 誤　図2の調査区Aのグラフから、種bの生育はみられず、発芽または発芽後の成長ができなかったと考えられるので、誤りである。

問3

① 誤　図2の調査区Bでは0～1mに、また、調査区Cでも0～5mに種aがみられる。したがって、ギャップのような強い光が当たる場所でも種aは発芽し、その後、幼木へと成長していると考えられるので、誤りである。

② **正　図2の調査区Bでは、種aと種cは0～1mにしかみられないが、種bは1～5mにみられる。したがって、ギャップのような強い光が当たる場所では種bは種a、cより成長が速いと考えられるので、正しい。**

③ **正　図2の調査区Bでは、種cは0～1mでみられ、種bは1～5mでみられることから、種cは種bより成長が遅い。一方、調査区Bより遷移が進んでいる調査区Cでは、種cは5～10mまで達し、種bはまったくみられない。したがって、種cは種bより成長が遅いが、やがて種bより高くなり、その後、種bはみられなくなると考えられるので、正しい。**

④ 誤　ギャップ形成後の遷移の初期段階にあると考えられる調査区Bでは、図2より、種aは0～1m、種bは1～5mにみられる。したがって、種aよりも種bの成長の方が速いと考えられるので、誤りである。

⑤ 誤　調査区Aでは、種cが生育するなかでも種aが林冠(10～20m)を優占している。このことから、調査区Cは遷移の途中段階であり、0～5mにみられる種aがやがて成長し、優占すると考えられるので、誤りである。

実践例題 ⑦ 自然浄化

　湖や沼では、植物プランクトンや各種の水生植物が生産者として、動物プランクトンや魚類などの動物が消費者として、それぞれ生活している。これらの生物は、食物や生活場所などについて相互に深い関わりがある。また、光の強さ・水温・酸素や二酸化炭素の量・無機塩類などの（　1　）との間に作用・環境形成作用の働き合いがみられ、湖沼生態系としてまとまっている。

　河川や湖に流れ込む有機物は、その量が少ないときは希釈されたり、微生物の働きによって無機物に分解されたりする。この働きは（　2　）と呼ばれる。（　2　）の範囲を超える量の産業排水や生活排水が川、湖、海に流入すると、水中に有機物が蓄積し、水質が悪化することになる。

　湖や海において、　ア　などの無機物が蓄積して濃度が高くなる現象は（　3　）と呼ばれる。淡水や海水で（　3　）が進行すると、<u>水面の近くで生活する植物プランクトンが異常に増殖し、表面が青緑色などに変色するアオコや、赤褐色になる赤潮が発生する。</u>

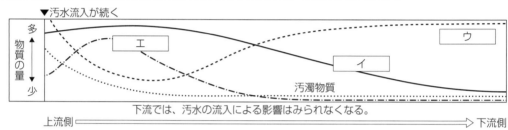

図　上流において汚水が流入する河川の水質の変化

問1 文中の（　1　）～（　3　）に入る最も適当なものを次の①～⑨のうちから1つずつ選べ。

① 自然再生　　　② 自然浄化　　　③ 生物的環境　　　④ 生物濃縮　　　⑤ 食物連鎖
⑥ 遷移　　　　　⑦ 非生物的環境　⑧ 貧栄養化　　　　⑨ 富栄養化

問2 文中の　ア　に入る最も適当なものを次の①～⑥のうちから1つ選べ。

① 硫黄、カリウム　　② 硫黄、リン　　　③ 硫黄、窒素
④ 窒素、カリウム　　⑤ 窒素、リン　　　⑥ リン、カリウム

問3 図中の　イ　～　エ　に入る語の組み合わせとして、最も適当なものを次の①～⑥のうちから1つ選べ。ただし、①～⑥の語はイ、ウ、エの順に並んでいるものとする。

*BOD…生物学的酸素要求量の略称。

① アンモニウムイオン、酸素、BOD　　② アンモニウムイオン、BOD、酸素
③ 酸素、アンモニウムイオン、BOD　　④ 酸素、BOD、アンモニウムイオン
⑤ BOD、アンモニウムイオン、酸素　　⑥ BOD、酸素、アンモニウムイオン

問4 下線部に関する記述として、**誤っているもの**を次の①～④のうちから1つ選べ。

① 赤潮が発生した水域では、赤潮の原因となるプランクトンが毒素を出したり、それらのプランクトンが魚介類のえらをふさいで呼吸を妨げたりする。

② 水界の環境やそこに生息する種の構成、個体数に著しい変化が起こり、生態系の平衡に影響を与える可能性がある。

③ 農地に散布された肥料のうち作物に吸収されないものは、地下水や水路を通って湖や海に流入し、アオコや赤潮の発生を引き起こす。

④ アオコや赤潮の発生によって、魚介類の個体数は大幅に増加する。

(13. 東京農業大改題)

解答

問1 1-⑦
　　　 2-②
　　　 3-⑨

問2 ⑤

問3 ⑥

問4 ④

解法

問1 1-「光の強さ・水温・酸素や二酸化炭素の量・無機塩類など」は生物を取り巻く環境である。これを⑦**非生物的環境**という。

2-川や海に流れ込んだ汚濁物質は、泥や岩などへの吸着や、沈殿、希釈、微生物による分解などによって減少する。このような作用を②**自然浄化**という。

3-空欄の前には「無機物が蓄積して濃度が高くなる現象」、後には「植物プランクトンが異常に増殖」とある。すなわち、植物プランクトンの異常発生の原因となる、無機物の濃度が高くなる現象であるから、⑨**富栄養化**である。

問2 富栄養化の原因となる物質は**窒素**（N）と**リン**（P）である。窒素はタンパク質などを、リンは DNA などを構成する元素であり、植物プランクトンの栄養分となる。そのため、川や海に窒素やリンが過剰に蓄積すると、植物プランクトンが大量発生する。

　なお、カリウムも植物プランクトンの成長にとって重要な元素であるが、もともと水中に十分含まれているので、富栄養化の主な原因物質とはならない。

問3 汚水には多量の有機物が含まれている。この有機物は細菌によって分解され、このとき水中の酸素が消費される。細菌による分解で有機物は減少してく。有機物が減少すると、細菌によって消費される酸素量も減少する。また、タンパク質などの分解産物としてアンモニウムイオン（NH_4^+）が生じる。アンモニウムイオンは、硝化菌の働きによって亜硝酸イオン（NO_2^-）、硝酸イオン（NO_3^-）になり、藻類の栄養分となる。これによって藻類が増殖し、藻類の光合成によって水中の酸素が増加する。

イ　BOD（生物学的酸素要求量）は、微生物が水中の有機物を分解するときに消費される酸素量であり、この値が大きいほど有機物が多く、水が汚染されていることになる。イは、汚水が流入した上流側で多く、下流になるほど減少している。このことから、イは **BOD** であることがわかる。

ウ　ウは、汚水が流入した上流側で大きく減少し、下流において増加している。このことから、汚水流入時に細菌による有機物の分解に伴って減少し、その後藻類の増殖に伴って増加する**酸素**であることがわかる。

エ　エは、汚水が流入した上流側で増加し、その後下流において減少している。このことから、細菌による有機物の分解に伴って増加し、その後硝化菌の働きによって亜硝酸イオン、硝酸イオンになる**アンモニウムイオン**であることがわかる。

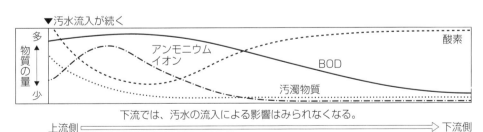

問4 ④　**誤**　アオコや赤潮が発生すると、増殖したプランクトンが魚介類のえらをふさいで呼吸を妨げたり、毒素を出したりする。また、異常発生したプランクトンの遺骸の分解に多量の酸素が消費されるため、水中の酸素濃度が減少する。これらのことから、アオコや赤潮の発生によって魚介類の個体数は減少すると考えられるため、誤りである。

実践問題

69 [探究] ☆☆☆
階層構造 [10分] 森林の構造と遷移に関する次の文章を読み、以下の各問いに答えよ。

ある地方の沖積平野に分布する社寺林(神社や寺の周辺に成立している森林)で植生の調査を行った。これらの森林は沖積平野の干拓後に成立したものと考えられており、人為的影響は比較的少ない。表は干拓地の成立年代の異なるa〜gの調査地の森林にそれぞれ10m×10mの調査区を設け、そこに出現した植物の被度(それぞれの種が地面をおおっている面積の割合)を調べたもので、被度が1%未満のものや出現回数の少ないものは省略してある。

問1 調査地全体で、明らかに陽生植物と考えられる種の組み合わせとして、最も適当なものを次の①〜④のうちから1つ選べ。

① アカマツ・タブノキ・スダジイ
② アカマツ・アカメガシワ・ススキ
③ タブノキ・スダジイ・サカキ
④ ススキ・ジャノヒゲ・ヤブコウジ

問2 この地域では、陽樹林の成立から陰樹林に遷移するのにおよそ何年かかると考えられるか。最も適当なものを、次の①〜⑥のうちから1つ選べ。

① 50〜200年 ② 200〜350年
③ 350〜500年 ④ 500〜650年
⑤ 650〜800年 ⑥ 800年以上

問3 この地域の極相林と、それが属するバイオームは何か。最も適当なものを、次の解答群のうちからそれぞれ1つずつ選べ。

調査地		a	b	c	d	e	f	g
干拓地の成立年代		1893	1821	1632	1579	1467	1180	770
高木層	アカマツ	5	2	2				
	タブノキ			4	4	4	2	
	スダジイ					2	4	5
亜高木層	タブノキ	1	3	2				
	サカキ				1	3	1	1
	ヤブツバキ				1	1		
	モチノキ					2	1	
低木層	アカメガシワ	2						
	タブノキ	1	1	1	1	1	1	
	ヤブツバキ				1	2	1	
	サカキ				1	1		
	スダジイ					1	1	
草本層	ススキ	1	1					
	ジャノヒゲ	4	1	1	1	3	1	1
	ヤブコウジ			1	1	1	2	2
	ヤブラン				1	1	1	

表中の数字1〜5は被度階級を示す。それぞれの被度階級が表す被度の範囲は次のとおりである。1:1〜10%、2:11〜25%、3:26〜50%、4:51〜75%、5:76〜100%

極 相 林：① アカマツ林 ② アカマツ・タブノキ林 ③ タブノキ林 ④ スダジイ林
バイオーム：① 針葉樹林 ② 照葉樹林 ③ 硬葉樹林 ④ 夏緑樹林

問4 日本の暖温帯の極相林にみられる特徴に関する記述として**誤っているもの**はどれか。次の①〜⑦のうちから2つ選べ。

① 森林の高さは遷移の途中相に比べて一番高く、4〜5層の階層が発達する。
② 林床には極相種の芽生えや幼木が存在する。
③ 林床が暗く、そこに生活する植物は耐陰性をもち、光補償点も高い。
④ 植物の種類は大きく変動しないが、森林を構成する個体は交代していて、繁殖による個体の増加と枯死による減少とがほぼつり合っている。
⑤ 老木の枯死や風害などで林冠に大きな穴(ギャップ)が開くと、先駆種が進入して一次遷移が起こり、部分的再生をくり返している。
⑥ 動物の種類が豊富で、食物網は複雑である。
⑦ 有機物の蓄積によって土壌が発達し、栄養塩類や保水力は増して、安定した塩類や水の循環が維持される。

(97. センター追試〔ⅠB〕改題)

ヒント！ 問2 干拓地の成立年代と、高木層の陽樹が陰樹に入れ替わる時期から判断する。

✓ **70** **一次遷移** （8分） ある火山島の植生の遷移に関する次の文章を読み、以下の各問いに答えよ。

図1は、ある火山島における植生分布を示し、図2は、それぞれの植生を構成する主な植物の分布範囲を線の長さで示したものである。植生の地層を調査した結果、火山荒原（火山性砂漠）、低木林、常緑広葉樹林の表層地質は、それぞれ1962年、1874年、および、さらに古い火山活動による噴出物によって構成されていた。この結果から、植生は裸地や火山荒原からしだいに発達して常緑広葉樹林へと変化したと考えられる。

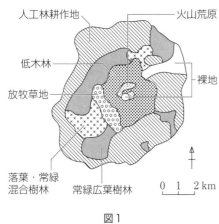
図1

種類	植生	火山荒原	低木林	落葉・常緑混合樹林	常緑広葉樹林
草本	シマタヌキラン				
	ハチジョウイタドリ				
	シマノガリヤス				
落葉広葉樹	オオバヤシャブシ				
	ミズキ				
	オオシマザクラ				
	オオムラサキシキブ				
	ハチジョウキブシ				
	アカメガシワ				
常緑広葉樹	ホルトノキ				
	シロダモ				
	ヤブツバキ				
	ヤブニッケイ				
	マサキ				
	スダジイ				
	タブノキ				

図2

問1 この火山島にみられた植生の変化の過程は何と呼ばれるか。適当なものを次の①～⑦のうちから**2つ**選べ。

① 遷移系列　　② 競争　　③ 極相（クライマックス）

④ 一次遷移　　⑤ 二次遷移　　⑥ 湿性遷移　　⑦ 乾性遷移

問2 火山荒原に優占する多年生植物は地下部がよく発達しているものが多い。そのような特徴は荒原のどのような環境に適応したものと考えられるか。**誤っているもの**を次の①～④のうちから1つ選べ。

① 栄養分に富む表土がほとんどない。　　② 地表にある砂礫（されき）の保水力が高い。

③ 地表面をおおう植物が少ない。　　④ 表土が少なく、地表が乾燥しがちである。

問3 図1、図2に示した植生に関する記述として、**誤っているもの**を次の①～④のうちから1つ選べ。

① 植生を構成する主な樹木の種数は、低木林で最も多い。

② 単位土地面積当たりに現存する植物体の重量は、裸地に次いで火山荒原で少ない。

③ シマノガリヤスは乾燥には強いが、常緑広葉樹林内では生育しない。

④ 低木林では各種の広葉樹が生育している。

問4 火山噴出物の上に成立する植生も、年数を経るに従って、草原から常緑広葉樹林へと変化することが図2で認められる。これに伴って、植生の土壌環境がどのように変化したと考えられるか。最も適当なものを次の①～④のうちから1つ選べ。

① 土壌がしだいに乾燥化した。　　② 腐植や栄養塩類が多くなった。

③ 砂の層がしだいに厚くなった。　　④ 地表面に水たまりができてきた。

（94. センター追試〔生物〕）

ヒント! 問2 地下部が発達した植物は、土壌中の少ない水分や栄養分を効率的に吸収する。

71 ☆☆ **バイオームと物質生産** 6分 地球上におけ
るバイオームの種類と分布は、年平均気温および年降
水量と密接な関係がある。右図は、年平均気温、年降
水量、および生産者による単位面積当たりの年有機物
生産量の関係を、バイオーム別に示したものである。

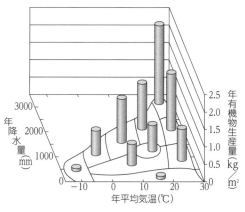

生産者によって生産された有機物には窒素が含まれ
ており、窒素は生態系内で閉鎖的な循環を続けている。
有機物が土壌に供給されると、窒素は主に土壌微生物
の働きで無機物となる。無機物となった窒素は生産者
に吸収されて再び有機物となる。

問1 図についての記述として適当なものを、次の①〜⑦のうちから**2つ**選べ。
① 年平均気温がほぼ同じバイオームでは、年降水量が少ないほど有機物の生産量は大きくなる。
② 年平均気温がほぼ同じバイオームでは、年降水量が少ないほど有機物の生産量は小さくなる。
③ 年平均気温がほぼ同じバイオームでは、年降水量と無関係に有機物の生産量は一定となる。
④ ツンドラよりサバンナの方が、有機物の生産量は小さい。
⑤ 針葉樹林より砂漠の方が、有機物の生産量は大きい。
⑥ 硬葉樹林より照葉樹林の方が、有機物の生産量は小さい。
⑦ 硬葉樹林より雨緑樹林の方が、有機物の生産量は大きい。

問2 下線部について、生産された有機物に含まれる窒素の重量比が0.7％だったとき、熱帯・亜熱帯
多雨林で生産者の吸収する窒素量は、年間で1平方メートル当たり何グラム(g)になるか。図から推
定される数値として最も適当なものを、次の①〜⑤のうちから1つ選べ。
① 1 ② 6 ③ 9 ④ 15 ⑤ 22

(18. 共通テスト試行調査〔生物基礎〕)

ヒント！ **問2** 高さ方向は年間で1平方メートル当たりに生産される有機物の量(kg)を表している。

72 ☆☆ **ギャップ** 4分 極相林に関する次の文章を読み、以下の各問いに答えよ。

極相に達した森林の多くでは、階層構造が発達し、低木層の植物は、高木層や亜高木層を透過して
弱まった光を受けていて、その成長はきわめて遅いのがふつうである。高木が強風を受けたり枯れた
りして倒れるときには、亜高木を巻き添えにすることが多い。そのため、倒れた高木の周辺は急に明
るくなる。

問1 下線部のような場所を何というか。次の①〜④のうちから1つ選べ。
① パイオニアスペース ② 低木層 ③ ギャップ ④ 高木層

問2 下線部のような状況が比較的小規模で起きた場合、どのようなことが起こると考えられるか。最
も適当なものを次の①〜④のうちから1つ選べ。
① 低木層の植物のうち、陽樹の幼木のみが急速に成長をはじめる。
② 低木層の植物のうち、高木および亜高木の幼木が急速に成長をはじめる。
③ 低木層の陰樹は枯れ、地中に埋もれていた高木層の植物の種子が発芽し、成長する。
④ 低木層の多くの植物が種子をつけ、その芽ばえが急速に成長する。

(97. センター本試〔ⅠB〕改題)

ヒント！ **問2** 極相林の低木層は、弱い光で生育可能な樹木などで構成されている。

73 土壌とバイオーム ★★☆ 7分 土壌の働きに関する次の文章を読み、以下の各問いに答えよ。

森林や草地などの土壌表面には、枯れ葉や枯れ枝などが堆積している。それらは土壌生物の働きで細かく砕かれ、最終的に無機物へと分解される。図は、世界各地の3つの異なるバイオームa〜cについて、土壌中の有機物量と1年間の落葉・落枝供給量の関係を示したものである。

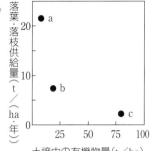

問1　落葉・落枝が分解されて無機物へと変化するときの速度を分解速度とすると、図のバイオームa〜cにおける分解速度の大小関係として正しいものはどれか。次の①〜④のうちから1つ選べ。
　①　a＞b＝c　　②　a＞b＞c　　③　a＜b＜c　　④　a＝b＜c

問2　図のa〜cの各バイオームに当てはまる記述を、次の①〜③のうちから1つずつ選べ。
　①　秋から冬に枯れ落ちた広葉が土壌有機物の主な供給源である。昆虫・ヤスデなどのさまざまな節足動物やミミズが主要な土壌動物である。
　②　限られた種類の低木や、スゲ類、コケ類、地衣類などが優占するバイオームである。低温のため、土壌有機物の分解速度がきわめて遅い。
　③　きわめて多種類の植物が繁茂し、土壌有機物の分解速度は速い。また、生じた無機物はすみやかに植物に吸収される。

問3　図のa〜cの各バイオームに当てはまるものを、次の①〜⑤のうちから1つずつ選べ。
　①　ツンドラ　　②　砂漠　　③　ステップ　　④　夏緑樹林　　⑤　熱帯多雨林

(01. センター本試〔IB〕改題)

ヒント！ 問3　バイオームにおける落葉・落枝の分解速度は、一般に気温が高いほど速くなる。

74 土壌の形成 ★☆☆ 5分 土壌の形成に関する次の文章を読み、以下の各問いに答えよ。

土壌の形成や働きについて調べるため、新しく切り開かれた丘陵地のがけを観察し、その結果を図に示した。また、土壌の形成と土壌生物の関係を調べるため、図のB層、C層、D層の土壌を同重量ずつ試験管にとり、ふたをして35℃に保ち、発生する二酸化炭素の量を測定した。その結果、二酸化炭素の発生する量に差が生じた。これは、土壌生物が有機物を分解して生じたものと考えられる。

A層：枯れ葉や腐った植物の層
B層：黒褐色の土の層
　軟らかくて、ふかふかした土。粒状ですきまが多く密度が小さい。
C層：黄土色で粘土に富む土の層
　ハンマーでたたくと塊状で採取できる。土を手で軽くにぎると団子状になる。
D層：青白色で砂に富む土の層
　もとの岩石の組織を残している。ハンマーでたたくと砂状にくずれ、土を手で軽くにぎっても団子状にならない。
E層：岩石の層

問1　図の土壌に関する記述として正しいものを、次の①〜④のうちから1つ選べ。
　①　B層は、有機物や有機物が分解されてできた物質のみでできている。
　②　B層は、岩石が風化した砂や粘土と、有機物や有機物が分解されてできた物質が混じったものでできている。
　③　D層は、有機物や有機物が分解されてできた物質のみでできている。
　④　B層もD層も、他のものから変化してできたものではなく、土壌はもともと土壌である。

問2　下線部の二酸化炭素の発生量が最も多いと考えられる層を、次の①〜③のうちから1つ選べ。
　①　B層　　②　C層　　③　D層

(99. センター本試〔総合理科〕改題)

ヒント！ 問2　上層ほど、枯れ葉や腐った植物などの有機物が含まれる割合が大きい。

75 生態系の変化 〈8分〉 生態系に関する次の文章を読み、以下の各問いに答えよ。

探究 ☆☆☆

タンパク質の分解物であるペプトンと栄養塩類を含む培養液をガラスフラスコに入れ、そこに池の水を数滴加え、綿栓をして24℃に保って、12時間ずつの明暗周期で培養した。培養開始後、培養液は数日で白濁した。培養をはじめて10日後には白濁は薄れ、緑色の濁りがみられるようになった。さらに日が経つと、培養液の緑色の濁りが薄まるとともに、ガラスフラスコの底に緑色の繊維状構造の塊がみられるようになった。培養をはじめて40日後の時点で、培養液中には細菌、ワムシ、繊毛虫、クロレラ、シアノバクテリアの5種類の生物がみられた。これらの生物量を、培養開始から定期的にガラスフラスコ内の培養液を一定量ずつ採り、計測した結果を下図に示す。なお、繊毛虫とは単細胞生物であり、ゾウリムシやツリガネムシなどが含まれる。

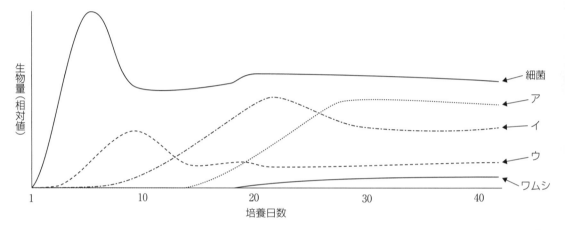

問1 図中のア～ウのうち、シアノバクテリアと繊毛虫を表す曲線として最も適当なものを、次の①～③のうちからそれぞれ1つずつ選べ。
① ア　　　② イ　　　③ ウ

問2 実験結果から、ガラスフラスコ内の5種類の生物のなかで、捕食者-被食者の関係にあると考えられる組み合わせとして最も適当なものを、次の①～④のうちから1つ選べ。

	捕食者	被食者
①	シアノバクテリア	ワムシ
②	クロレラ	細菌
③	ワムシ	クロレラ
④	細菌	繊毛虫

問3 培養液中の溶存酸素の量は、どのように変化すると考えられるか。最も適当なものを次の①～④のうちから1つ選べ。
① 培養開始後に増加したのち、そのままほぼ一定となる。
② 培養開始後に減少したのち、そのままほぼ一定となる。
③ 培養開始後に一時増加するが、その後減少してそのままほぼ一定となる。
④ 培養開始後に一時減少するが、その後増加してそのままほぼ一定となる。

(22. 福岡大改題)

ヒント! 問3 酸素の増減に関与する代謝と、各生物の個体数の変化を関連づけて考える。

76 ☆☆☆
人間活動による地球環境の変化 8分 人間活動による地球環境の変化に関する次の文章を読み、以下の各問いに答えよ。

大気中の二酸化炭素は、（ ア ）や（ イ ）などとともに、温室効果ガスと呼ばれる。化石燃料の燃焼などの人間活動によって、図1のように大気中の二酸化炭素濃度は年々上昇を続けている。また、陸上植物の光合成による影響を受けるため、大気中の二酸化炭素濃度には、周期的な季節変動がみられる。図2のように、冷温帯に位置する岩手県の綾里の観測地点と、亜熱帯に位置する沖縄県の与那国島の観測地点とでは、二酸化炭素濃度の季節変動のパターンに違いがある。

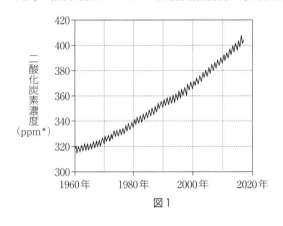

図1

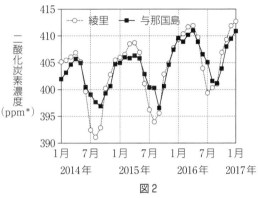

図2

*ppm：1ppmは100万分の1。体積の割合を表す。

問1 上の文章中の（ ア ）・（ イ ）に入る語として適当なものを、次の①～⑦のうちから**2つ**選べ。ただし、解答の順序は問わない。

① アンモニア ② エタノール ③ 酸素 ④ 水素
⑤ 窒素 ⑥ フロン ⑦ メタン

問2 次の文章は、図1・図2を踏まえて大気中の二酸化炭素濃度の変化について考察したものである。（ ウ ）～（ オ ）に入る語の組み合わせとして最も適当なものを、次の①～⑧のうちから1つ選べ。

2000～2010年における大気中の二酸化炭素濃度の増加速度は、1960～1970年に比べて（ ウ ）。また、亜熱帯の与那国島では、冷温帯の綾里に比べて、大気中の二酸化炭素濃度の季節変動が（ エ ）。このような季節変動の違いが生じる一因として、季節変動が大きい地域では、一年のうちで植物が光合成を行う期間が（ オ ）ことが挙げられる。

	ウ	エ	オ
①	大きい	大きい	短い
②	大きい	大きい	長い
③	大きい	小さい	短い
④	大きい	小さい	長い
⑤	小さい	大きい	短い
⑥	小さい	大きい	長い
⑦	小さい	小さい	短い
⑧	小さい	小さい	長い

(20. センター本試〔生物基礎〕改題)

ヒント！ **問2** 一年のうちで植物が光合成を盛んに行う期間を、亜熱帯の与那国島と冷温帯の綾里それぞれのバイオームの特徴から考える。

77 ☆☆ **外来生物** 6分 外来生物に関する次の文章を読み、以下の各問いに答えよ。

外来生物は、在来生物を捕食したり食物や生息場所を奪ったりすることで、在来生物の個体数を減少させ、絶滅させることもある。そのため、外来生物は生態系を乱し、生物の多様性に大きな影響を与えうる。

問1 下線部に関する記述として最も適当なものを、次の①～⑤のうちから1つ選べ。

① 捕食性の生物であり、それ以外の生物を含まない。

② 国外から移入された生物であり、同一国内の他地域から移入された生物を含まない。

③ 移入先の生態系に大きな影響を及ぼす生物であり、移入先の在来生物に影響しない生物を含まない。

④ 人間の活動によって移入された生物であり、自然現象に伴って移動した生物を含まない。

⑤ 移入先に天敵がいない生物であり、移入先に天敵がいるため増殖が抑えられている生物を含まない。

問2 下図は、在来魚であるコイ・フナ類、モツゴ類、およびタナゴ類が生息するある沼に、肉食性（動物食性）の外来魚であるオオクチバスが移入される前と、その後の魚類の生物量（現存量）の変化を調査した結果である。この結果に関する記述として適当なものを、下の①～⑥のうちから**2つ**選べ。

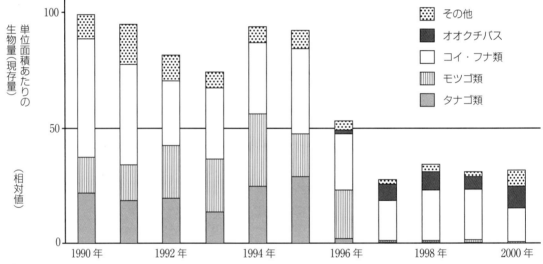

① オオクチバスの移入後、魚類全体の生物量（現存量）は、2000年には移入前の3分の2にまで減少した。

② オオクチバスの移入後の生物量（現存量）の変化は、在来魚の種類によって異なった。

③ オオクチバスは、移入後に一次消費者になった。

④ オオクチバスの移入後に、魚類全体の生物量（現存量）が減少したが、在来魚の多様性は増加した。

⑤ オオクチバスの生物量（現存量）は、在来魚の生物量（現存量）の減少がすべて捕食によるとしてもその減少量ほどにはふえなかった。

⑥ オオクチバスの移入後、沼の生態系の栄養段階の数は減少した。

(21. 大学入学共通テスト第2日程〔生物基礎〕)

ヒント！ **問2** オオクチバスの単位面積当たりの生物量（現存量）が初めてグラフに現れた年より前に、オオクチバスが沼に移入されたと考える。

78 ☆☆☆

生態系の保全 　**8分**　生態系の保全に関する次の文章を読み、以下の各問いに答えよ。

　日本産のトキは、かつて日本各地に生息していたが、<u>絶滅</u>した。その後、中国産のトキの人工繁殖により生まれた若鳥が佐渡島に再導入されている。里山におけるトキの採餌行動を観察したところ、採餌場所については図1の結果が、餌として利用している生物については図2の結果が得られた。また、餌となる生物の生態について次の**観察結果**が得られた。

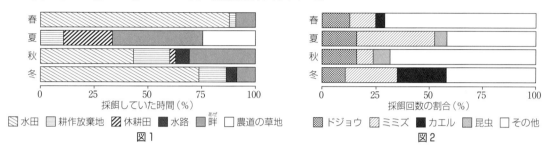

図1　　　　　　　　　　　　　　　　　　図2

観察結果　夏や秋に水路で観察されたドジョウは、春に水田や休耕田で繁殖していた。春に水田でみられたオタマジャクシの成体は、夏に周辺の森林で観察された。

問1　図1・図2の結果から導かれる、トキの再導入後の生態系についての記述として最も適当なものを、次の①～③のうちから1つ選べ。

①　トキは、水田の生態系における一次消費者になっている。

②　トキは、年間を通じてドジョウを安定的な栄養源にしている。

③　トキは、年間を通じて採餌場所を変え、夏には水田の生態系における分解者としての働きが弱まっている。

問2　図1・図2および**観察結果**にもとづいて、次の環境ⓐ～ⓒと、環境を構成する水田や森林など複数の要素間のつながりⅠ・Ⅱのうち、トキが安定的に餌を獲得できる環境として最も適していると考えられるものはどれか。その組み合わせとして最も適当なものを、次の①～⑥のうちから1つ選べ。

ⓐ　人の活動により、水田や畔だけでなく、水路や森林が維持されている環境

ⓑ　稲作が盛んな水田と畔のみが一面に広がる環境

ⓒ　人が近づかない、休耕田と耕作放棄地からなる環境

Ⅰ　複数の要素が互いに隣接し、生物の移動が容易である。

Ⅱ　複数の要素が適度に離れて配置され、それぞれの要素内で独自の生態系が成り立っている。

①　ⓐ、Ⅰ　　　②　ⓑ、Ⅰ　　　③　ⓒ、Ⅰ　　　④　ⓐ、Ⅱ　　　⑤　ⓑ、Ⅱ　　　⑥　ⓒ、Ⅱ

問3　下線部に関連して、生物の個体数の減少や絶滅を伴う生態系の変化についての記述として最も適当なものを、次の①～⑤のうちから1つ選べ。

①　干潟に生息する生物が減少すると、有機物量が減少し、干潟がもつ水質浄化作用が向上する。

②　さまざまな餌生物を利用する捕食者が絶滅すると、生態系のバランスが崩れやすくなる。

③　外来植物は在来植物の個体数を減少させないため、生態系全体で生産者によってつくられる有機物量は変化しない。

④　非生物的環境が変化すると、環境形成作用を通じて分解者の個体数が減少するため、生態系のバランスが急速に変化する。

⑤　湖沼への窒素やリンの供給量が増加しても、生産者の個体数は変化しないため、生態系のバランスは崩れない。

(22. 大学入学共通テスト追試〔生物基礎〕改題)

ヒント！　問2　観察結果のように、生物はその一生のうちでさまざまな環境を利用している。

第1問 次の文章（**A・B**）を読み、下の問い（**問1～6**）に答えよ。

〔解答番号 ┃ 1 ┃～┃ 6 ┃〕（配点16点）

A 生物の体内では、常に物質を合成したり分解したりする反応が起こっている。この化学反応全体を
まとめて ┃ **ア** ┃ という。この化学反応には、外界から取り入れた物質を、からだを構成する物質
や生命活動に必要な物質に合成する反応があり、このような過程を ┃ **イ** ┃ という。またこの過程
とは逆に、体内の複雑な有機物を、より簡単な物質に分解する反応もある。これらは、それぞれエネ
ルギーを吸収して進む反応とエネルギーを放出する反応である。これらの反応では、ATP と呼ばれ
る物質がエネルギーを受け渡す役割を担っている。光合成では、光エネルギーを利用して ATP が合
成され、この ATP に含まれるエネルギーを用いて有機物が合成される。呼吸では、有機物の分解に
よって放出されたエネルギーを用いて、ATP が合成されている。

　一般に、ウ<u>ヒトの場合、1日に細胞1個当たり約0.83ng の ATP が消費されていると考えられてい</u>
<u>る</u>。これに対し、エ<u>1個の細胞内には、ふつう、0.00084ng という微量の ATP しか存在しない</u>。そ
れにもかかわらず、細胞の生命活動が停止することはない。

問1 文中の ┃ **ア** ┃・┃ **イ** ┃ に入る語の組み合わせとして最も適当なものを、次の①～⑥のう
ちから1つ選べ。┃ 1 ┃

	ア	イ		ア	イ		ア	イ
①	代謝	同化	②	代謝	異化	③	同化	代謝
④	異化	代謝	⑤	同化	異化	⑥	異化	同化

問2 下線部**ウ**に関して、ヒト1人のからだが40兆（40,000,000,000,000）個の細胞からできているとする
と、1人当たり1日何 kg の ATP を消費することになるか。最も近い値を、次の①～⑤のうちから
1つ選べ。ただし、1ng=0.001μg＝0.000001mg である。┃ 2 ┃

① 3.3kg　　② 6.6kg　　③ 9.9kg　　④ 33kg　　⑤ 66kg

問3 下線部**エ**に関して、細胞内に微量の ATP しか存在していなくても、細胞の生命活動が停止しな
いのは、ATP の分解と合成がたえずくり返されているからである。ATP の分解と再合成に関する記
述として最も適当なものを、次の①～④のうちから1つ選べ。┃ 3 ┃

① ATP が二酸化炭素と水に分解される過程で生じるエネルギーによって、ATP が再合成される。

② ATP の分解によって生じた ADP は、エネルギーを得ると、リン酸が再結合して ATP に再合成さ
れる。

③ ATP は、消費されても、生体物質の合成で生じるエネルギーによって再合成される。

④ ATP は、消費されても、筋収縮で生じるエネルギーを利用して、すぐに再合成される。

B　ウイルスには、遺伝物質として DNA をもつもの以外に、RNA をもつものもいる。また、それらの構造には、２本鎖のものだけではなく、１本鎖のものもみられる。表は、Ⅰ～Ⅳのウイルスの遺伝物質の塩基組成(%)を調べた結果である。なお、表中のAはアデニン、Cはシトシン、Gはグアニン、Tはチミン、Uはウラシルを表す。

ウイルス	塩基組成(%)				
	A	C	G	T	U
Ⅰ	29.0	**オ**	**カ**	**キ**	**ク**
Ⅱ	30.1	15.5	29.0	0.0	25.4
Ⅲ	24.4	18.5	24.0	33.1	0.0
Ⅳ	27.9	22.0	22.1	0.0	28.1

問4　Ⅰは２本鎖 DNA をもつウイルスである。表の**オ～ク**に入る数値の組み合わせとして最も適当なものを、次の①～⑥のうちから１つ選べ。　　4

	オ	**カ**	**キ**	**ク**		**オ**	**カ**	**キ**	**ク**
①	29.0	21.0	21.0	0.0	②	21.0	29.0	21.0	0.0
③	21.0	21.0	29.0	0.0	④	29.0	21.0	0.0	21.0
⑤	21.0	29.0	0.0	21.0	⑥	21.0	21.0	0.0	29.0

問5　Ⅱ～Ⅳのウイルスのうち、１本鎖 DNA をもつものと２本鎖 RNA をもつものはそれぞれどれであると考えられるか。最も適当な組み合わせを、次の①～⑥のうちから１つ選べ。　　5

	１本鎖 DNA	２本鎖 RNA
①	Ⅱ	Ⅲ
②	Ⅱ	Ⅳ
③	Ⅲ	Ⅱ
④	Ⅲ	Ⅳ
⑤	Ⅳ	Ⅱ
⑥	Ⅳ	Ⅲ

問6　真核生物の DNA と RNA に関する記述として最も適当なものを、次の①～⑤のうちから１つ選べ。　　6

① DNA と RNA を構成する糖は同じである。
② 一般的に、DNA より RNA の方が分子量は大きい。
③ RNA を構成する糖は、ATP を構成する糖と同じである。
④ DNA にはリン酸があるが、RNA にはリン酸がない。
⑤ DNA に含まれる塩基と RNA に含まれる塩基の種類は同じである。

第2問 生物の体内環境に関する次の文章（**A・B**）を読み、下の問い（**問1〜6**）に答えよ。
〔解答番号 | 7 | 〜 | 12 | 〕（配点17点）

A ヒトの体内環境が一定の範囲内に保たれているのは、多くの器官の働きによるものである。それらの働きの調節には、自律神経系や内分泌系が重要な役割を担っている。

問1 ヒトの体内環境の維持に関する記述として最も適当なものを、次の①〜⑤のうちから1つ選べ。
| 7 |

① 自律神経系は意思とは無関係に働き、その最高位の中枢は大脳である。
② 脳下垂体から分泌されるホルモンは、すべて神経分泌細胞から分泌される。
③ アミノ酸の分解産物から合成した尿素を、十二指腸に分泌するのは肝臓である。
④ 腎臓は、静脈が合流した門脈ともつながっていて、体液中の塩類濃度を一定に保っている。
⑤ ホルモンは血液によって全身へ運ばれるが、受容体をもつ標的細胞にのみ作用する。

問2 生理活動と、その生理活動をもたらす神経の名称およびホルモンの名称の組み合わせとして最も適当なものを、次の①〜④のうちから1つ選べ。| 8 |

	生理活動	神経	ホルモン
①	血流量の増加	副交感神経	アドレナリン
②	体温の上昇	交感神経	チロキシン
③	血糖濃度の上昇	交感神経	バソプレシン
④	血糖濃度の低下	副交感神経	グルカゴン

B ショウタくんとユウスケくんは父親の健康診断結果について議論した。

ショウタ：僕の父さん、最近お腹が出てきてるけど、今年の健康診断の結果は血糖濃度が正常だったみたいだし、糖尿病の心配はないね。

ユウスケ：健康診断で血糖濃度は正常でも、じつは糖尿病の予備軍だというケースがあるらしいよ。食後高血糖といって食後に血糖濃度が上昇するみたいだよ。糖尿病の合併症である心筋梗塞や脳卒中のリスクが高まるんだって。

ショウタ：_ア食後に血糖濃度はだれでも上昇するんじゃなかったかなあ。

ユウスケ：調べてみたけど、ふつうだと食後に上がった血糖濃度は2時間程度で正常値に戻るけど、食後2時間経っても140mg/100mLを超える場合は食後高血糖にあたるみたいだね。でも、食後10時間後には正常値に戻るって書いてるよ。

ショウタ：なるほど。ということは、前日から絶食して受ける健康診断では食後高血糖はわからないんだね。

ユウスケ：_イどうすれば食後高血糖かどうかわかるのかな？

ショウタ：たとえば、食後の尿を調べて、糖が検出されたら食後高血糖だっていえるんじゃないかな。

ユウスケ：なるほど。血糖濃度がある値を超えなければ、原尿中のグルコースはすべて再吸収されて
　　　　　尿には排出されないけど、血糖濃度がその値以上になるとグルコースが尿に排出されはじ
　　　　　める現象を利用するんだね。

ショウタ：そうそう、ア原尿からの再吸収量には限界があって、血糖濃度が限界を超えたら、その分
　　　　　だけグルコースが尿に排出されるはずだよ。

ユウスケ：でも、尿にグルコースが検出される段階だと、すでに糖尿病なんじゃないかな。もっとは
　　　　　やい段階で判断したいな。

ショウタ：食後高血糖かどうか判断するのにどんな検査方法があるか調べてみよう。

ユウスケ：検査方法もだけど、日頃の生活習慣を改善できるようにサポートしたいな。

ショウタ：食事をゆっくり食べるのが良いみたい。それから、食後に軽く運動するのも良いらしい。

ユウスケ：そうなんだ。僕も父さんと一緒に運動しようかな。

問3　下線部アについて、健康なヒトが食事をはじめたときか
ら約1時間経ったときまでの、あるホルモンXとY、および
これらのホルモンの分泌と関係する物質Zの血液中の濃度変
化を、模式的に示したものが図1である。図1に示された範
囲で起こっているホルモンXとY、および物質Zの濃度変化
に関する記述として最も適当なものを、次の①〜④のうちか
ら1つ選べ。　　9

① XはYの分泌を促進している。
② YはXの分泌を促進している。
③ ZはXの分泌を促進している。
④ ZはYの分泌を促進している。

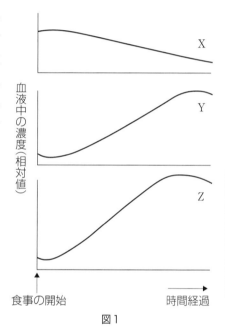

図1

問4　図1に示された範囲で起こっている濃度変化から考えて、ホルモンXとY、および物質Zにあた
る組み合わせとして最も適当なものを、次の①〜④のうちから1つ選べ。　　10

	X	Y	Z
①	アドレナリン	グルカゴン	グリコーゲン
②	グルカゴン	インスリン	グルコース
③	グルカゴン	アドレナリン	グルコース
④	インスリン	グルカゴン	グリコーゲン

問5 下線部**イ**について、食後高血糖の検査方法として最も適当なものを、次の①〜④のうちから1つ選べ。 ☐ 11

① 食後すぐに血糖濃度を測り、食前の血糖濃度と比べる。
② イヌリン(ボーマンのうへこし出されるが、再吸収されない)を注射し、その血しょう中の濃度と尿中の濃度を測る。
③ グルコースを摂取してから2時間後の血糖濃度を測る。
④ 食後2時間経過した血中のホルモンXの濃度を測る。

問6 下線部**ウ**に関して、血糖濃度とグルコースの移動量(a：原尿へこし出される量、b：原尿からの再吸収量、c：尿への排出量)との関係を示すグラフとして最も適当なものを、次の①〜⑥のうちから1つ選べ。 ☐ 12

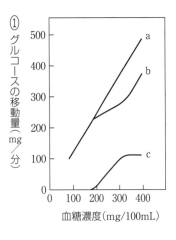
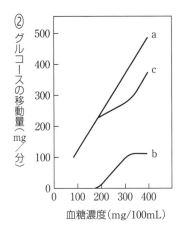
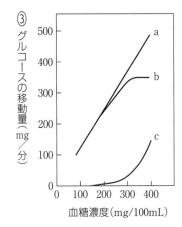

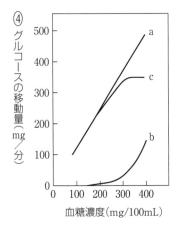
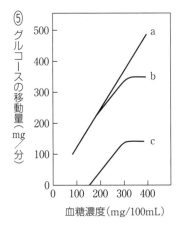
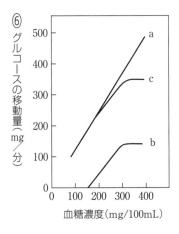

第3問 次の文章（**A・B**）を読み、下の問い（**問1～7**）に答えよ。

〔解答番号 13 ～ 19 〕（配点17点）

A 植生の遷移について学んだイサオとハヤオは、実際に近畿地方の平野部の森林で野外調査を行うことにした。

イサオ：あれ、ここだけ周囲と植生が違うね。

ハヤオ：本当だ、周りは陰樹だけの極相林なのに、ここだけ陽樹と陰樹が混在している。

イサオ：あ、木が倒れてるよ。なるほど、この空間がギャップだね。はじめて見たよ。

ハヤオ：ギャップって何だっけ？

イサオ：ァ極相林の林冠を構成する高木が枯れたり、台風などで倒れたりして、林冠が途切れている空間をギャップというと習ったよ。

ハヤオ：そうだったね。ギャップがあるから極相林にも、陰樹だけではなくて陽樹が生育できるんだったね。このギャップはいつ頃できたのかな。

イサオ：生えてる植物も気になるね。写真を撮って帰って調べてみよう。

～図書館～

ハヤオ：インターネットで衛星写真を見つけたよ。ここにあのギャップが写っている。

イサオ：撮影日が5年前になっているから、ギャップができて最低5年は経っていることがわかるね。

ハヤオ：ギャップ形成後に若木の個体数を調べた資料（図1）もあったよ。遷移の初期に現れる種を先駆種、後期に現れる種を極相種として表している。

イサオ：極相種と先駆種の個体数の変動がギャップAとギャップBでは違うね。

ハヤオ：ィギャップAとギャップBの何が原因でそのような違いがでるんだろう。

イサオ：調べるとどんどん知りたいことがふえるね。

ハヤオ：イサオは何かわかったことあった？

イサオ：僕は植物図鑑でギャップに生えていた樹木を調べてみたよ。

ハヤオ：どんな樹木があった？

イサオ：葉の表面に光沢があってつやがある植物が多かったけど、種名までは同定できなかった。

ハヤオ：葉の拡大した写真を撮っておけばよかった。幹は写っているから、樹皮を頼りにして調べてみよう。

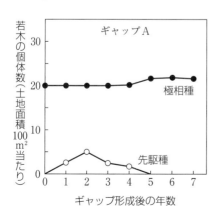
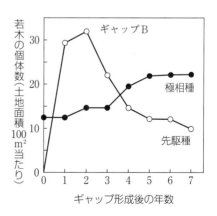

図1

問1 下線部**ア**の極相林についての記述として最も適当なものを、次の①〜④のうちから1つ選べ。
　　　| 13 |

① 極相林は大きな樹木で構成されており、低木は生育していない。
② 極相林は主に陰樹によって構成されており、相観が大きく変化しない。
③ 極相林は遷移の進行によって、地球上のどのような環境にも出現する。
④ 極相林は階層構造が発達しており、草本層が豊富である。

問2 下線部**イ**について、2つのギャップA、Bのギャップ形成後初期のようすに関する記述として最も適当なものを、次の①〜④のうちから1つ選べ。　　| 14 |

① ギャップAでは林床に十分な光が届くため、極相種の生育に適した環境になっている。
② ギャップAでは林床に十分な光が届かないため、先駆種の生育に適した環境になっている。
③ ギャップBでは林床に十分な光が届くため、先駆種の生育に適した環境になっている。
④ ギャップBでは林床に十分な光が届かないため、極相種の生育に適した環境になっている。

問3 イサオとハヤオが見つけたギャップは、ギャップAとギャップBのどちらに分類すればよいか。また、彼らが撮影した植物は何か。最も適当な組み合わせを、次の①〜⑧のうちから1つ選べ。
　　　| 15 |

	ギャップ	撮影した植物
①	A	イタドリ
②	A	シラカンバ
③	A	ミズナラ
④	A	スダジイ
⑤	B	イタドリ
⑥	B	シラカンバ
⑦	B	ミズナラ
⑧	B	スダジイ

B　人間活動によって、生態系に影響を及ぼすさまざまな環境の変化が起こっている。たとえば、化石燃料の大量消費などが原因となって大気中の二酸化炭素濃度が上昇したこととの関連性が考えられている_ウ_地球温暖化_や、窒素酸化物や硫黄酸化物の排出が原因とされる_エ_酸性雨_の問題があげられる。

　　一方、人間活動が減少することによって変化した環境として里山がある。里山とは、農村の集落の周囲に広がる、人々の生活の場となっている山や畑や水田などが存在する一帯のことである。江戸時代以降、里山では持続可能な利用が行われ、_オ_多様な生物が生息する_環境が保たれてきた。しかし、近年の人間活動の変化によって、里山の環境も大きく変わりつつある。_カ_放置された里山では、遷移の進行による植生の変化や、モウソウチクの竹林の無秩序な拡大が起こっている。

問4　下線部**ウ**に関して、二酸化炭素濃度の上昇によって地球が温暖化する理由として最も適当なものを、次の①～④のうちから1つ選べ。　| 16 |

①　二酸化炭素が地表から放出される熱を吸収し、その一部を再び地表に向かって放出するため。
②　二酸化炭素が地表から放出される熱を吸収し、このエネルギーでオゾン層を破壊するため。
③　二酸化炭素が地表から放出される熱を吸収し、酸性の雨を降らせるため。
④　二酸化炭素が地表から放出される熱を吸収し、その熱を放出しないため。

問5　下線部**エ**に関する記述として最も適当なものを、次の①～④のうちから1つ選べ。　| 17 |

①　酸性雨は、化石燃料の使用をやめれば大幅に改善することができる。
②　酸性雨は、原因物質の排出対策を講じている国では起こらない問題である。
③　酸性雨は、樹木を枯らすことはあるが動物にはあまり影響がない。
④　酸性雨は、現在の日本では降っていない。

問6　下線部**オ**について、古来より日本の里山でよくみられていた生物として最も適当なものを、次の①～④のうちから1つ選べ。　| 18 |

①　ウシガエル　　　②　ドジョウ　　　③　オオクチバス　　　④　アメリカザリガニ

問7　里山の樹木としてアカマツがよく植えられていた。しかし、人の手が入らなくなったことによって下線部**カ**のように遷移が進行し、アカマツが減っている。放置される前は遷移が進まなかった理由として**誤っているもの**を、次の①～④のうちから1つ選べ。　| 19 |

①　落ち葉が利用され、土壌中の栄養分があまりふえないため。
②　樹木や下草が多く、降雨後の保水力が十分に高いため。
③　建材にするために枝を刈るなどの手入れをすることで、林床が明るくなるため。
④　下草などを人為的に刈ってしまうため。

第1問 次の文章(**A・B**)を読み、下の問い(問1～6)に答えよ。

〔解答番号 ⬚1⬚ ～ ⬚7⬚ 〕(配点17点)

A ある高校の生物基礎の授業で、ウイルスに関する授業が行われた。

先生:さて、今日は第1章の生物の特徴について授業をします。2020年に新型コロナウイルス感染症のパンデミックが宣言されてから感染症の流行はまだ完全に終息していませんが、皆さんはウイルスって、どんなものか知っていますか。

生徒:ウイルスは、病気とかを引き起こす微生物の一種です。

先生:微生物の一種ということは、ウイルスは生物ということですか。

生徒:はい、そうだと思います。

先生:現在の高校生物では、ウイルスは、一応、生物として扱わないこととしています。

生徒:へえー。けど、「一応」ってどういうことですか。

先生:ウイルスは、ア生物の特徴をすべて備えていないことから、生物とも無生物ともいえない中間的な存在と考えられているので、一応といいました。多くの生物学者は「次の3つの条件をすべて満たすもの」を生物と定義しています。「細胞でできていること」、「代謝を行うこと」、「自己複製すること」。ウイルスは、外側にカプシドと呼ばれるタンパク質の殻をもっていて、その中に遺伝物質が含まれています。遺伝物質が囲まれた構造をもつという点では生物と似ていますが、細胞膜とカプシドでは構成する物質が異なります。また、生物は代謝を行いますが、ウイルスは自身のみでは分解も合成も行いません。生物は適切な環境であればやがてふえていきますが、ウイルスは生きた細胞がないとふえることはなく、生きた細胞に出会うまでは何もしないでじっとしています。しかし、ひとたび生きた細胞に出会うと、内部にある遺伝物質を放出して細胞をのっとります。のっとられた細胞は、ウイルス工場のようになって、大量のウイルスをつくり出します。つまり、ウイルスは生きた細胞をのっとって自己複製をするのです。そういうことで、「一応」という言葉を添えました。

生徒:なんとなく、一応、わかりました。

先生:また、ウイルスには、生物にはない特徴をもつものもいます。イ生物のもつ遺伝物質は二本鎖DNAですが、ウイルスのなかには一本鎖DNAを遺伝物質としてもつものがいます。また、コロナウイルスなどのように、DNAではなく、一本鎖または二本鎖のRNAを遺伝物質とするものもいます。

生徒:そうなんだ。

先生:1935年、ウェンデル・スタンリーがウイルスの結晶化に成功して、1946年にノーベル化学賞を受賞しました。それで、歴史的にウイルスは無生物として印象づけられました。しかし、最近になってウイルスを生物にしたらどうかという生物学者が出てきています。ウウイルスは生物に感染し、また、非常に小さいと考えられてきましたが、ウイルスに感染するウイルスが発見されたり、巨大ウイルスが発見されたり、それが真核生物と近縁であるということがわかったりして、生物と無生物との境界が曖昧になっています。

問1　下線部**ア**について、生物の特徴に関する次の**A～H**のうち、すべての生物に共通する特徴の組み合わせとして最も適当なものを、次の①～⑧のうちから1つ選べ。　$\boxed{1}$

A　タンパク質の殻と内部に遺伝物質をもつ。
B　細胞膜をもっている。
C　ミトコンドリアをもっている。
D　細胞壁をもっている。
E　核をもっている。
F　活動にエネルギーが必要である。
G　他の生物のつくった有機物を利用してエネルギーを得る。
H　生殖する。

① A、B、C　　② B、C、D　　③ C、D、E　　④ D、E、F
⑤ E、F、G　　⑥ F、G、H　　⑦ B、F、G　　⑧ B、F、H

問2　下線部**イ**について、あるウイルスの遺伝物質の塩基組成を調べたところ、アデニン、ウラシル、グアニン、シトシンから構成されており、アデニンの数とウラシルの数、グアニンの数とシトシンの数がそれぞれ一致していた。このとき、グアニンの割合は23%であった。このウイルスの遺伝物質の種類と、遺伝物質におけるアデニンの割合の組み合わせとして最も適当なものを、次の①～⑧のうちから1つ選べ。　$\boxed{2}$

① 1本鎖 RNA、23%　　② 2本鎖 RNA、23%
③ 1本鎖 DNA、23%　　④ 2本鎖 DNA、23%
⑤ 1本鎖 RNA、27%　　⑥ 2本鎖 RNA、27%
⑦ 1本鎖 DNA、27%　　⑧ 2本鎖 DNA、27%

問3　下線部**ウ**について、次の**A～E**の生物や細胞、ウイルスを小さい順に並べるとどのようになるか。最も適当なものを、次の①～⑧のうちから1つ選べ。　$\boxed{3}$

A　ゾウリムシ　　B　大腸菌　　C　コロナウイルス　　D　ヒトの肝細胞　　E　ニワトリの卵の卵黄

① B＜A＜C＜D＜E
② B＜C＜E＜D＜A
③ B＜C＜D＜A＜E
④ B＜D＜C＜A＜E
⑤ C＜B＜D＜A＜E
⑥ C＜B＜E＜D＜A
⑦ C＜D＜B＜A＜E
⑧ C＜D＜A＜B＜E

B 光合成の速度は、照射される光の強さのほか、温度、二酸化炭素濃度などさまざまな環境要因の影響を受ける。ある種の植物を十分に高い二酸化炭素濃度のもとで、5℃、15℃、25℃、および35℃に保温し、照射する光の強さを変えて二酸化炭素吸収速度を測定した。測定結果をまとめると図1のようになった。また、各温度における　エ　を図1から求めて、グラフにまとめると、図2のようになった。同様に各温度における　オ　をグラフにまとめると、図3のようになった。ただし、植物には水分などの光合成に必要な要素は十分に与えられていたものとする。また、各温度における呼吸の速度は光の強さによらず一定であるものとする。

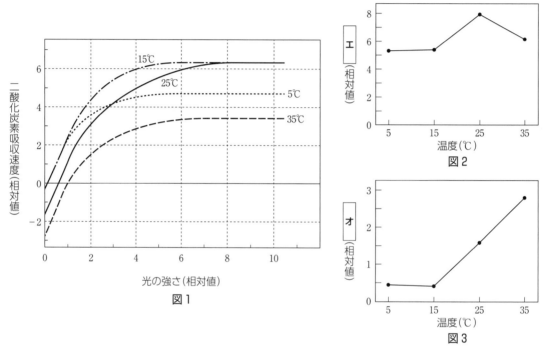

図1

図2

図3

問4　問題文中の　エ　・　オ　に入る語の組み合わせとして最も適当なものを、次の①〜⑧のうちから1つ選べ。ただし、図2や図3における相対値は図1のものと同じであることとする。
　　　4

	エ	オ
①	最大の光合成速度	光補償点
②	光補償点	呼吸速度
③	光飽和点	最大の光合成速度
④	呼吸速度	光飽和点
⑤	最大の光合成速度	光飽和点
⑥	光補償点	最大の光合成速度
⑦	光飽和点	呼吸速度
⑧	呼吸速度	光補償点

問5　この植物の光合成に関して、図1から考えられることの記述として**誤っているもの**を、次の①～⑥のうちから**2つ**選べ。ただし、光の強さは10を超えないものとし、温度は5～35℃の範囲で考えるものとする。　　5　・　6

① 強さが9の光が照射されたとき、15℃に保温した植物と25℃に保温した植物の光合成速度はほぼ等しい。

② 強さが1よりも小さい光が照射されたとき、5℃、15℃、25℃、および35℃に保温した植物の光合成速度は同じである。

③ 強さが3の光が照射されたとき、5℃に保温した植物と25℃に保温した植物の時間当たりの有機物の蓄積量はほぼ等しい。

④ 強さが1よりも大きい光が照射されたとき、温度の違いによって生じる二酸化炭素吸収速度の差は、呼吸速度の差にほぼ等しい。

⑤ 強さが0.5の光が照射されたとき、35℃に保温した植物では、呼吸による有機物の消費が光合成による生産を上まわっている。

⑥ 強さが8よりも大きい光が照射されたとき、すべての温度条件において光の強さを変えても、光合成速度は変化しない。

問6　葉におけるデンプン合成には、光以外に、細胞の代謝と二酸化炭素がそれぞれ必要であることを、この植物で確かめたい。そこで、次の処理Ⅰ～Ⅲについて、下の表1の植物体**A**～**H**を用いて、デンプン合成を調べる実験を考えた。このとき、調べるべき植物体の組み合わせとして最も適当なものを、下の①～⑨のうちから**1つ**選べ。　　7

処理Ⅰ：温度を下げて細胞の代謝を低下させる。
処理Ⅱ：水中の二酸化炭素濃度を下げる。
処理Ⅲ：葉にあたる日光を遮断する。

	処理Ⅰ	処理Ⅱ	処理Ⅲ
植物体**A**	×	×	×
植物体**B**	×	×	○
植物体**C**	×	○	×
植物体**D**	×	○	○
植物体**E**	○	×	×
植物体**F**	○	×	○
植物体**G**	○	○	×
植物体**H**	○	○	○

○：処理を行う
×：処理を行わない

表1

① **A**、**B**、**C**　　② **A**、**B**、**E**　　③ **A**、**C**、**E**　　④ **A**、**D**、**F**　　⑤ **A**、**D**、**G**
⑥ **A**、**F**、**G**　　⑦ **D**、**F**、**H**　　⑧ **D**、**G**、**H**　　⑨ **F**、**G**、**H**

第2問 次の文章（A・B）を読み、下の問い（**問1～7**）に答えよ。

〔解答番号 8 ～ 14 〕（配点17点）

A ｱ体液の1つである血液は、液体成分の血しょうと有形成分からなり、ヒトの場合、その総重量は体重の約13分の1である。有形成分には、赤血球・ｲ白血球・血小板がある。血しょうは、血液の重さの約55％を占めており、ｳ血液凝固に関わる成分が含まれている。

問1 下線部**ア**の体液に関する記述として**誤っているもの**を、次の①～⑤のうちから1つ選べ。
8

① 血液が赤くみえるのは、赤血球にヘモグロビンが含まれているからである。
② 血液を試験管などに入れてしばらく静置すると、上部に血清が分離してくる。
③ 毛細血管からしみ出た血しょうが組織液となる。
④ リンパ液は血液に合流することなく、リンパ管内を循環する。
⑤ 血しょうは、栄養分や老廃物のほかに、熱も運搬する。

問2 下線部**イ**の白血球に関する記述として最も適当なものを、次の①～⑤のうちから1つ選べ。
9

① 哺乳類の白血球には、核がみられない。
② 自然免疫には関与するが、獲得（適応）免疫には関与しない。
③ ヘルパーT細胞やキラーT細胞も白血球に含まれる。
④ フィブリンを形成させ、血ぺいを生じさせる。
⑤ 血液中にのみ存在し、食作用によって異物を排除する。

問3 下線部**ウ**について、血液凝固が起こりにくくなるようにする処理として**適当でないもの**を、次の①～⑤のうちから1つ選べ。 10

① 血小板からの凝固因子の放出を抑制する。
② 合成されたフィブリンを速やかに除去する。
③ フィブリンの合成を促進する。
④ 線溶を引き起こす酵素を加える。
⑤ 血小板を除去する。

B ヒトの腎臓は、腹腔の背中側に1対あり、老廃物の排出やｴ体液の水分調節を行う役割を果たしている。腎臓内部には多くのネフロン（腎単位）と呼ばれる構造体があり、ここで尿が生成される。図1は、ネフロンの1つを模式的に示したものである。腎動脈からの血液が図中の**オ**を通ると、血球などを除いた血しょう中の大部分の成分が**カ**へろ過され、その後、水などが再吸収されて尿がつくられる。また、図2は、正常に機能している腎臓において、図1における**オ～ク**での物質Ⅰ～Ⅲの濃度を測定した結果である。

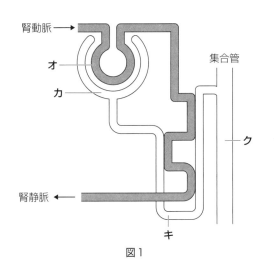

図1

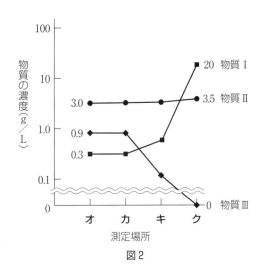

図2

問4 下線部**エ**に関して、発汗などでからだの水分が失われ、体液の濃度が高まった場合のからだの応答に関する記述として最も適当なものを、次の①〜④のうちから1つ選べ。 **11**

① 脳下垂体後葉からバソプレシンが分泌され、腎臓での水の再吸収が促進される。
② 脳下垂体前葉からバソプレシンが分泌され、腎臓での水の再吸収が促進される。
③ 脳下垂体後葉からバソプレシンが分泌され、腎臓での水の再吸収が抑制される。
④ 脳下垂体前葉からバソプレシンが分泌され、腎臓での水の再吸収が抑制される。

問5 正常な状態では、タンパク質を含まない液体が流れている場所を、図1の**オ〜ク**の中からすべて選んだものとして最も適当な組み合わせを、次の①〜⑤のうちから1つ選べ。 **12**

① **オ・カ** ② **カ・キ** ③ **キ・ク** ④ **オ・カ・キ** ⑤ **カ・キ・ク**

問6 図2からわかることとして最も適当なものを、次の①〜④のうちから1つ選べ。 **13**

① 物質Ⅰは、**ク**に到達するまでに血しょう中の濃度の150倍に濃縮される。
② 物質Ⅱは、ほとんど再吸収されていない。
③ 物質Ⅲは、すべて体外へ排出される。
④ 物質Ⅰ〜Ⅲの濃度は、血しょう中とボーマンのうを流れる原尿中とで、ほぼ同じである。

問7 図2の物質Ⅲが**ク**の中に流れていない理由として最も適当なものを、次の①〜④のうちから1つ選べ。 **14**

① 物質Ⅲは分子の大きさが大きく、**オ**から**カ**へ通り抜けられないため。
② 物質Ⅲは一度**オ**から**カ**に押し出されるが、**カ**や**キ**を通るときにすべて再吸収されるため。
③ 物質Ⅲは**ク**に存在する細胞によって効率よく取り込まれるため。
④ 物質Ⅲが**カ**や**キ**を通る過程で酵素によって分解されるため。

第3問 次の文章(**A・B**)を読み、下の問い(**問1〜5**)に答えよ。
〔解答番号 15 〜 19 〕(配点16点)

A いろいろな植物が生育する森林の内部では、ァ垂直方向の環境の変化が大きくなり、それぞれの階層ごとに異なった環境が形成される。

図1は、日本の、ある地域の極相林の構造を示したものである。この森林を構成する植物の種類を階層別に調査したところ、ィ高木層では、ブナの個体数が多く、占有する面積も大きかった。また、冬季にはほとんどの樹木は葉を落とし、初夏の頃に葉を広げて再び繁茂するようになった。

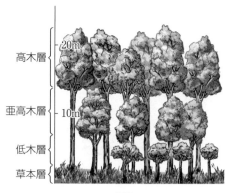

図1

問1 下線部**ア**の環境の変化の1つとして、光の強さの変化が考えられる。図2は、図1の森林内における垂直方向の相対照度と各層の関係を表したものである。林内の垂直方向の相対照度の変化を表すものとして最も適当なものを、次の①〜④のうちから1つ選べ。

15

① (a)
② (b)
③ (c)
④ (d)

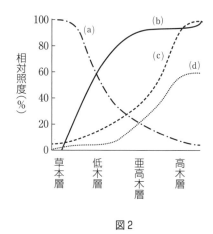

図2

問2 下線部**イ**のような特徴をもつバイオームの名称として最も適当なものを、次の①〜⑤のうちから1つ選べ。 16

① 針葉樹林 ② 夏緑樹林 ③ 雨緑樹林 ④ 照葉樹林 ⑤ 硬葉樹林

問3 光の強さだけではなく、光の色も環境となる。青色光は、気孔の開口に関係することが知られている。また、気孔の開口には、P1、P2と呼ばれる2種類のタンパク質も関係している。P1とP2の気孔の開口における働きを調べるために、次の**実験**を行った。

実験 P1とP2をともにもつ個体(A)、P1のみをもつ個体(B)、P2のみをもつ個体(C)、P1とP2をともにもたない個体(D)を準備した。A〜Dを暗所に1時間置いた後に、強さを変えた青色光を、一定の強さの赤色光と同時に2時間照射し、気孔の開度を測定した。図3は、その結果を示している。

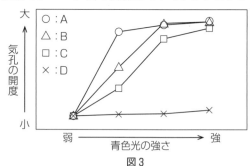

図3

次の文は、**実験**の結果から導かれる推論である。文中の ウ ・ エ ・ オ に入る語句の組み合わせとして最も適当なものを、下の①〜⑥のうちから1つ選べ。 17

青色光を感知した際、P1は気孔の開口を ウ し、P2は エ するように働いている。また、赤色光による気孔の開口については、 オ と結論づけることができる。

	ウ	エ	オ
①	促 進	促 進	P1とP2ともに気孔の開口を促進させている
②	抑 制	促 進	P1とP2ともに気孔の開口を促進させている
③	促 進	促 進	P1とP2がどのように作用しているかは判断できない
④	抑 制	抑 制	P1とP2がどのように作用しているかは判断できない
⑤	促 進	抑 制	P1とP2ともに気孔の開口を抑制している
⑥	抑 制	抑 制	P1とP2ともに気孔の開口を抑制している

B 優占種でない生物種の個体数増減が、生態系の生物全体に連鎖的に大きな影響を及ぼすことがある。このような生物種は、キーストーン種と呼ばれる。実例として、北アメリカ太平洋沿岸のラッコが乱獲された結果、ラッコが捕食していたウニや、そのウニが食べていたケルプ（海藻）など、多くの生物種の個体数が連鎖的に変化した。

問4 この実例において、時間経過に伴うラッコ、ウニ、ケルプの個体数（相対値）の変化を示すグラフはどのようになるか。最も適当なものを、次の①〜⑥のうちから1つ選べ。 18

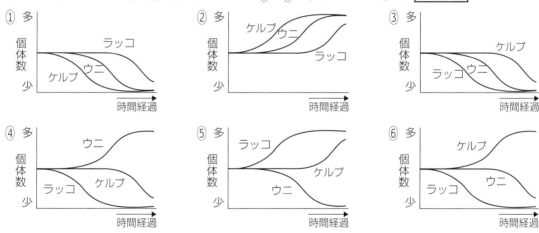

問5 さまざまな生態系において、生物多様性が著しく低い状態から高い状態まで変化するに伴い、生態系機能がどのように変化するかを推定し、概念図を作成した。キーストーン種が存在している生態系に該当する概念図として最も適当なものを、次の①〜⑥のうちから1つ選べ。 19

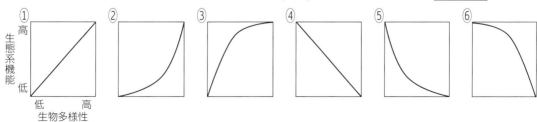

2

1 問1 ③
　問2 ③
　問3 ①、②、④

2 問1 ④
　問2 ②、③、④、⑤、⑥
　問3 ④、⑤

3 問1
　　ア ⑤
　　イ ①
　　ウ ②
　　エ ③
　　オ ⑥
　　カ ④
　問2 ④、⑤
　問3
　　染色液 ①
　　色 ⑤

4 問1 ②
　問2 ②
　問3 ⑥
　問4
　　接眼 ⑤
　　対物 ③

5 問1 ④
　問2 ⑥
　問3 ④

6 問1 ③
　問2 ②
　問3 ③

7 問1 ①
　問2 ②
　問3 ⑤

8 問1 ⑧
　問2 ③

9 ③

10 問1
　　ア ②
　　イ ①
　問2 ③

11 問1 ⑧
　問2 ①
　問3 ⑤

12 ③

13 ⑤

14 ②

15 問1 ⑤
　問2 ②
　問3 ③

16 問1 ④
　問2 ①

17 問1 ①
　問2
　　ア ④
　　イ ③
　　ウ ①
　　エ ④

18 問1 ⑦
　問2 ④
　問3 ①

19 問1
　　(ア) ②
　　(イ) ③
　　(ウ) ④
　　(エ) ⑦
　問2 ④

20 問1 ④
　問2 ⑤
　問3 ②

21 問1 ⑦
　問2 ①
　問3 ②
　問4 ③

22 問1 ④
　問2 ④
　問3 ③

23 問1 ①
　問2 ⑤

24 問1 ②
　問2 ⑤

25 問1 ①
　問2 ②
　問3 ⑤

26 問1 ②
　問2
　　ア ②
　　イ ③
　　ウ ①
　問3
　　エ ⑦
　　オ ⑧
　　カ ⑦

27 問1 ③

28 問1 ②、⑤
　問2 ③、⑥

29 問1 ①
　問2
　　ウ ⑦
　　エ ②

30 問1 ④
　問2 ⑤
　問3 ④

31 問1
　　a ⑨
　　b ①
　　c ④
　　d ③
　　e ⑦
　　f ⑥
　　g ⑤
　問2
　　ア ③
　　イ ①

32 1 ⑦
　　2 ⑨
　　3 ④
　　4 ⑥
　　5 ①
　　6 ②

33 問1 ⑥
　問2 ①、③

34 ④

35 問1 ②
　問2 ⑥
　問3 ②

36 問1
　　ア ⑥
　　イ ⓪
　　ウ ⑨
　　エ ⑦
　　オ ⑧
　　カ ③
　　キ ②
　　ク ⑤
　　ケ ④
　問2 ①、③、⑤

37 ア ④
　　イ ⓪
　　ウ ⑥
　　エ ②
　　オ ⑦
　　カ ①
　　キ ⓪
　　ク ⑨

38 問1 ②
　問2 ①、③、④
　問3 ②、⑤

39 問1
　　(1) ⑤
　　(2) ④
　問2 ①
　問3 ④
　問4 ③

40 1 ①
　　2 ⑥
　　3 ④
　　4 ⑧
　　5 ⑤

41 問1
　　ア ④
　　イ ④
　　ウ ③
　問2 ①

42 問1 ③
　問2 ②
　問3 ①

43 問1 ②

44 問1 ①
　問2
　　イ ④
　　ウ ②
　　エ ③
　問3
　　A型 ⑧
　　O型 ⑦

45 問1 ①
　問2
　　イ ⑥
　　ウ ②
　　X ⑥
　　Y ②
　　Z ③

46 問1 ②
　問2 ③

47 問1 ①
　問2 ②

48 問1 ④
　問2
　　ア ④
　　イ ②
　　ウ ⑤
　　エ ①
　問3 ②

49 ①

50 問1 ⑤
　問2 ③
　問3 ④

51 問1 ③
　問2 ②

　問3 ②

52 問1 ⑥
　問2 ②

53 問1 ①、③
　問2
　　地表 ⑥
　　一年生 ③

54 問1
　　A層 ②
　　C層 ④
　問2 ①
　問3 ②

55 問1 ②
　問2 ③
　問3 ②

56 問1 ②
　問2 ①
　問3
　　最初 ③
　　最後 ②
　問4 ③

57 問1 ⑥
　問2 ②
　問3 ①

58 問1 ③
　問2 ②
　問3 ②

59 問1 ①
　問2 ②

60 問1
　　A ②
　　B ⑤
　　C ②
　問2
　　Ⅱ ⑥
　　Ⅲ ②
　問3 ③

61 問1
　　ア ⑤
　　イ ②
　　ウ ②
　問2 ⑤

62 ①、⑤

63 ③

64 A ①
　　B ⑦
　　C ⑨
　　D ⑧

65 問1 ③
　問2 ④
　問3 ①

66 問1
　　A ②
　　B ⑥
　問2 ②

67 問1 ④
　問2 ③
　問3 ①

68 問1 ⑤
　問2 ⑦

69 問1 ②
　問2 ②
　問3
　　極相林 ④
　　バイオーム ②
　問4 ③、⑤

70 問1 ④、⑦
　問2 ②
　問3 ①
　問4 ②

71 問1 ②、⑦
　問2 ④

72 問1 ③
　問2 ②

73 問1 ②
　問2
　　a ③
　　b ①
　　c ②
　問3
　　a ⑤
　　b ④
　　c ①

74 問1 ②
　問2 ①

75 問1
　　シアノバクテリア ①
　　繊毛虫 ③
　問2 ③
　問3 ④

76 問1 ⑥、⑦
　問2 ②

77 問1 ④
　問2 ②、⑤

78 問1 ②
　問2 ①
　問3 ②

予想模擬テスト（第1回）解答用紙

解答欄（解答番号 1〜13）

解答番号	1	2	3	解 答 欄 4	5	6	7	8	9	0
1	①	②	③	④	⑤	⑥	⑦	⑧	⑨	⑩
2	①	②	③	④	⑤	⑥	⑦	⑧	⑨	⑩
3	①	②	③	④	⑤	⑥	⑦	⑧	⑨	⑩
4	①	②	③	④	⑤	⑥	⑦	⑧	⑨	⑩
5	①	②	③	④	⑤	⑥	⑦	⑧	⑨	⑩
6	①	②	③	④	⑤	⑥	⑦	⑧	⑨	⑩
7	①	②	③	④	⑤	⑥	⑦	⑧	⑨	⑩
8	①	②	③	④	⑤	⑥	⑦	⑧	⑨	⑩
9	①	②	③	④	⑤	⑥	⑦	⑧	⑨	⑩
10	①	②	③	④	⑤	⑥	⑦	⑧	⑨	⑩
11	①	②	③	④	⑤	⑥	⑦	⑧	⑨	⑩
12	①	②	③	④	⑤	⑥	⑦	⑧	⑨	⑩
13	①	②	③	④	⑤	⑥	⑦	⑧	⑨	⑩

解答欄（解答番号 14〜25）

解答番号	1	2	3	解 答 欄 4	5	6	7	8	9	0
14	①	②	③	④	⑤	⑥	⑦	⑧	⑨	⑩
15	①	②	③	④	⑤	⑥	⑦	⑧	⑨	⑩
16	①	②	③	④	⑤	⑥	⑦	⑧	⑨	⑩
17	①	②	③	④	⑤	⑥	⑦	⑧	⑨	⑩
18	①	②	③	④	⑤	⑥	⑦	⑧	⑨	⑩
19	①	②	③	④	⑤	⑥	⑦	⑧	⑨	⑩
20	①	②	③	④	⑤	⑥	⑦	⑧	⑨	⑩
21	①	②	③	④	⑤	⑥	⑦	⑧	⑨	⑩
22	①	②	③	④	⑤	⑥	⑦	⑧	⑨	⑩
23	①	②	③	④	⑤	⑥	⑦	⑧	⑨	⑩
24	①	②	③	④	⑤	⑥	⑦	⑧	⑨	⑩
25	①	②	③	④	⑤	⑥	⑦	⑧	⑨	⑩

① 学年・組・番号を記入し、その下のマーク欄にマークしなさい。

学年・組・番号欄

年	組	番号		
⑩①②③④⑤⑥⑦⑧⑨	⑩①②③④⑤⑥⑦⑧⑨	⑩①②③④⑤⑥⑦⑧⑨	⑩①②③④⑤⑥⑦⑧⑨	⑩①②③④⑤⑥⑦⑧⑨

学年等チェック欄

② 名前・フリガナを記入しなさい。

フリガナ	
名 前	

名前等チェック欄

③

・1科目だけマークしなさい。
・出題範囲欄が無マーク又は複数マークの場合は、0点となります。

出題範囲欄

物 理 基 礎	○
化 学 基 礎	○
生 物 基 礎	○
地 学 基 礎	○

出題範囲チェック欄

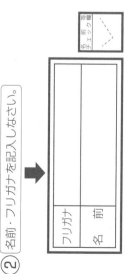

予想模擬テスト（第2回）解答用紙

① 学年・組・番号を記入し、その下のマーク欄にマークしなさい。

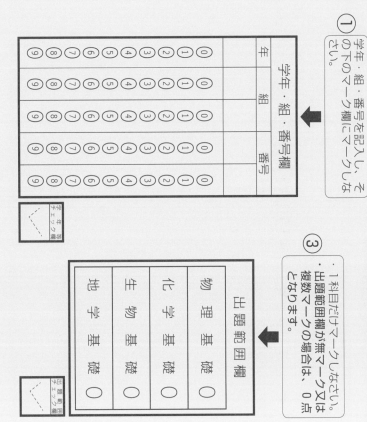

学年・組・番号欄

学年	組		番号	
⓪①②③④⑤⑥⑦⑧⑨	⓪①②③④⑤⑥⑦⑧⑨	⓪①②③④⑤⑥⑦⑧⑨	⓪①②③④⑤⑥⑦⑧⑨	⓪①②③④⑤⑥⑦⑧⑨

学年・組チェック欄

② 名前・フリガナを記入しなさい。

フリガナ	
名前	

名前チェック欄

③
・1科目だけマークしなさい。
・出題範囲欄が無マーク又は複数マークの場合は、0点となります。

出題範囲欄

物理基礎	○
化学基礎	○
生物基礎	○
地学基礎	○

出題範囲チェック欄

解答番号	解答欄 1 2 3 4 5 6 7 8 9 0
1	①②③④⑤⑥⑦⑧⑨⑩
2	①②③④⑤⑥⑦⑧⑨⑩
3	①②③④⑤⑥⑦⑧⑨⑩
4	①②③④⑤⑥⑦⑧⑨⑩
5	①②③④⑤⑥⑦⑧⑨⑩
6	①②③④⑤⑥⑦⑧⑨⑩
7	①②③④⑤⑥⑦⑧⑨⑩
8	①②③④⑤⑥⑦⑧⑨⑩
9	①②③④⑤⑥⑦⑧⑨⑩
10	①②③④⑤⑥⑦⑧⑨⑩
11	①②③④⑤⑥⑦⑧⑨⑩
12	①②③④⑤⑥⑦⑧⑨⑩
13	①②③④⑤⑥⑦⑧⑨⑩

解答番号	解答欄 1 2 3 4 5 6 7 8 9 0
14	①②③④⑤⑥⑦⑧⑨⑩
15	①②③④⑤⑥⑦⑧⑨⑩
16	①②③④⑤⑥⑦⑧⑨⑩
17	①②③④⑤⑥⑦⑧⑨⑩
18	①②③④⑤⑥⑦⑧⑨⑩
19	①②③④⑤⑥⑦⑧⑨⑩
20	①②③④⑤⑥⑦⑧⑨⑩
21	①②③④⑤⑥⑦⑧⑨⑩
22	①②③④⑤⑥⑦⑧⑨⑩
23	①②③④⑤⑥⑦⑧⑨⑩
24	①②③④⑤⑥⑦⑧⑨⑩
25	①②③④⑤⑥⑦⑧⑨⑩

大学入学共通テスト攻略問題集

新課程版 ビーライン 生物基礎

2024年1月10日　初版　第1刷発行	編　者　第一学習社　編集部
2025年1月10日　初版　第2刷発行	発行者　松本洋介
	発行所　株式会社 第一学習社

広　島：広島市西区横川新町7番14号　〒733-8521　☎082-234-6800
東　京：東京都文京区本駒込5丁目16番7号　〒113-0021　☎03-5834-2530
大　阪：吹田市広芝町8番24号　〒564-0052　☎06-6380-1391

札　幌 ☎011-811-1848	仙　台 ☎022-271-5313	新　潟 ☎025-290-6077
つくば ☎029-853-1080	横　浜 ☎045-953-6191	名古屋 ☎052-769-1339
神　戸 ☎078-937-0255	広　島 ☎082-222-8565	福　岡 ☎092-771-1651

訂正情報配信サイト _47506-02
利用に際しては、一般に、通信料が発生します。

https://dg-w.jp/f/3d84f

47506-02

ISBN978-4-8040-4750-8

■落丁・乱丁本はおとりかえいたします。

ホームページ
https://www.daiichi-g.co.jp/

生物基礎のチェックポイント

「学習のまとめ」を補足する図や表を整理しました。
試験直前の確認に活用してください。

◆原核細胞と真核細胞 ➡p.2

		染色体	核	ミトコンドリア	葉緑体	液　胞	細胞膜	細胞壁
原核細胞		＋	－	－	－	－	＋	＋
真核細胞	動物細胞	＋	＋	＋	－	＋*	＋	－
	植物細胞	＋	＋	＋	＋	＋	＋	＋

＊動物細胞にも存在するが、あまり発達せず、観察されないことが多い。

◆接眼レンズを変えずに、対物レンズの倍率を変えたときの見え方の変化（光学顕微鏡） ➡p.2、3

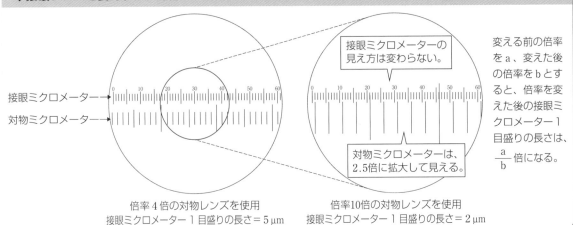

接眼ミクロメーター➡
対物ミクロメーター➡

接眼ミクロメーターの見え方は変わらない。

対物ミクロメーターは、2.5倍に拡大して見える。

倍率4倍の対物レンズを使用
接眼ミクロメーター1目盛りの長さ＝5μm

倍率10倍の対物レンズを使用
接眼ミクロメーター1目盛りの長さ＝2μm

変える前の倍率をa、変えた後の倍率をbとすると、倍率を変えた後の接眼ミクロメーター1目盛りの長さは、$\frac{a}{b}$倍になる。

◆DNAとRNAの違い ➡p.8、9

	糖の種類	塩基の種類	構造	分子量
DNA	デオキシリボース	A、T、G、C	2本鎖（二重らせん構造）	比較的大きい
RNA	リボース	A、U、G、C	通常は1本鎖	比較的小さい

◆免疫に関わる細胞 ➡p.29

マクロファージ	食作用によって異物を排除する。
好中球	食作用によって異物を排除する。
NK細胞	感染細胞などを非特異的に排除する。
樹状細胞	食作用によって異物を排除する。また、抗原情報をヘルパーT細胞に伝える。
ヘルパーT細胞	樹状細胞から抗原情報を受け取り、B細胞などを活性化する。マクロファージの集合を促す。
キラーT細胞	感染細胞などを特異的に排除する。
B細胞	抗体産生細胞に分化し、抗体を産生する。

◆二次応答 ➡p.29

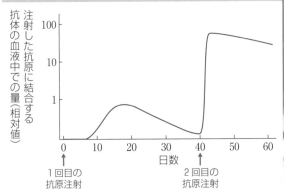

注射した抗原に結合する抗体の血液中での量（相対値）

1回目の抗原注射

2回目の抗原注射

日数

1回目の抗原注射によって形成された記憶細胞により、2回目の抗原注射時には、短期間に多量の抗体が産生されるなどして、素早く病原体が排除される。こうした免疫反応は、二次応答と呼ばれる。